牡丹和芍药盈利技术

范保星　周长玉　付正林　黄　威　主编

中国农业科学技术出版社

图书在版编目（CIP）数据

牡丹和芍药盈利技术 / 范保星，周长玉，付正林，黄威主编 .
—北京：中国农业科学技术出版社，2017.6（2024.4重印）
ISBN 978-7-5116-3124-4

Ⅰ.①牡…　Ⅱ.①范…②周…③付…④黄…　Ⅲ.①牡丹—
观赏园艺②芍药—观赏园艺　Ⅳ.① S685.11 ② S682.1

中国版本图书馆 CIP 数据核字（2017）第 136731 号

责任编辑	张孝安　崔改泵
责任校对	贾海霞

出 版 者	中国农业科学技术出版社
	北京市中关村南大街 12 号　邮编：100081
电　　话	（010）82109708（编辑室）（010）82109704（发行部）
	（010）82109703（读者服务部）
传　　真	（010）82106650
网　　址	http://www.castp.cn
经 销 者	各地新华书店
印 刷 者	北京捷迅佳彩印刷有限公司
开　　本	710 mm×1 000 mm　1 /16
印　　张	9　**彩插** 30 面
字　　数	165 千字
版　　次	2017 年 6 月第 1 版　2024 年 4 月第 2 次印刷
定　　价	38.00 元

牡丹和芍药盈利技术
编委会

参加单位

菏泽黄河牡丹园艺有限公司

洛阳神州牡丹园

城发集团（青岛）旅游发展有限公司

菏泽花乡芍药园

菏泽一家亲牡丹种植有限公司

菏泽盛唐牡丹花木有限公司

湖北武汉泉天生物有限公司

十堰中盈生态农业发展有限公司

江苏邳州花中王精品牡丹园

大理云锦尚品农业种植有限公司

泰安国色天香生态农业有限公司

成都市锐佳芍药种植专业合作社

四川四众美农农业科技发展有限公司

惠州吉大农业科技發展有限公司

江油市天顺农业开发有限公司

云南滇黄牡丹产业集团

云南省油用牡丹协会

前 言
PREFACE

本书主要是面向广大农民，介绍一些少量投资即可应用的牡丹和芍药盈利技术，包括牡丹观赏园建设、芍药切花生产、盆栽牡丹和芍药的生产、牡丹和芍药的繁殖、油用牡丹育苗和牡丹油榨取等，特别是实践中的一些经验。故不会系统地对牡丹、芍药的起源、分类和理论知识等进行讲述，并尽量运用农民熟悉的口语化语言进行书写，力求简洁、实用、易掌握。是一本农家人看得懂、学得会、用得上的通俗读物。书中部分章节中有"一些常见问题"，是作者在长期生产实践中总结的一些经验和教训。

本书适合对牡丹和芍药有一定了解的朋友，如果对牡丹和芍药一点也不了解，读起该书来可能有一些地方不容易理解，故建议对牡丹和芍药没有了解的朋友，先看看其他牡丹和芍药方面的书籍后再阅读本书。

许多企业和个人在经营牡丹和芍药过程中，没有足够尊重牡丹和芍药独特的生长特性、种植技术和管护技术，轻率自信地将种植一般苗木的经验和理念用于种植牡丹和芍药，往往还没有进入到观光旅游或采摘种子的阶段，便倒在了种植环节，并彻底失去了发展牡丹和芍药的信心，非常可惜。还有的是对牡丹和芍药在当地的效益误判、市场误判、定位误判，以及误判和轻视牡丹和芍药在当地的个性化技术问题，造成了大量的人、财、物力的损失，也影响了发展牡丹和芍药的热情。再加上一些唯利是图的苗木商贩，将牡丹和芍药生产技术商业化，一切围绕苗木销售夸大宣传牡丹和芍药的效益，忽略不同地区牡丹和芍药种植技术的差异性，不管苗子好坏、不管是否适应种植季节、不管土壤是否适合，蒙骗买家，赤裸裸地达到苗木换金钱的目的，更是对牡丹和芍药产业的发展造成了极大地破坏。

因此，发展牡丹和芍药产业一定要深入了解真实的行业现状，特别是市场的真实需求，预测行业发展的趋势；务实地分析牡丹和芍药在当地的市场，然后定好符合当地牡丹和芍药发展的方向、目标和规模，定好分步实施方案，制定出风险分解和防控措施，并将快速盈利的部分优先发展。

本书在编写过程中尤为注重图文并茂，用图说事，其资料和图片均为作者多年工作的积累。此外，承蒙中国农业科学技术出版社张孝安编审对本书提出的修改建议和鼎力协助，在此表示诚挚的谢意。

由于时间紧迫，工作量大，掌握的数据资料有待补充和更新，书中可能存在一些值得商榷的地方，恳请广大读者批评指正。以便再版时完善更正，意见和建议请发至邮箱:13260000608@126.com。

范保星

2017 年 2 月

目　录
CONTENTS

第一章
牡丹和芍药观赏园

中国牡丹与芍药资源特别丰富，根据中国牡丹争评国花办公室专家组人员调查，在我国云南省、贵州省、四川省、西藏自治区、新疆维吾尔自治区、青海省、甘肃省、宁夏回族自治区、陕西省、广西壮族自治区、湖南省、山西省、河南省、山东省、福建省、安徽省、江西省、江苏省、浙江省、上海市、河北省、内蒙古自治区、北京市、天津市、黑龙江省、辽宁省、吉林省和台湾省等地均有牡丹种植。大体分野生种、半野生种及园艺栽培种几种类型。

牡丹栽培面积最大最集中的有山东省的菏泽市、河南省的洛阳市、四川省成都地区的彭州市、北京市、甘肃省的临夏市、安徽省的铜陵市和亳州市等。通过中原花农冬季赴广东省、福建省、浙江省、广东省进行牡丹催花繁育，促使了牡丹在以上多个地区生根繁衍、安家落户，成为当地主要在栽培的"当家"花种，使牡丹的栽植遍布了全国各省区市。

在人口或者游客较多、交通便利的地方建一面积 20~100 亩 * 的牡丹、芍药观赏园，每年开花时举办牡丹、芍药文化节，收取门票。投资后约 5~8 个月

---

* 1 亩 ≈ 667 平方米，15 亩 =1 公顷，全书同

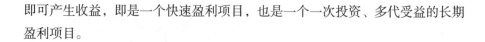

即可产生收益，即是一个快速盈利项目，也是一个一次投资、多代受益的长期盈利项目。

第一节　牡丹和芍药观赏园的选址

园区具备如下任何一个条件均可作为牡丹和芍药观赏园。

一、靠近知名旅游景点

该景点年游客一般在 50 万人次以上，按照我国地域划分在南方游客最好集中在 3 月 20 日至 5 月 20 日；在北方游客最好集中在 4 月 10 日至 6 月 20 日。如果能够与该景点门对门或者肩并肩并共用一个停车场最佳（洛阳神州牡丹园同白马寺门对门）；去该景点的必经之路上也可以。

二、靠近常住人口在 100 万人以上的大城市

离该城市 20 千米范围内，园区距离城市越近越好，要在进出城的交通主干道边上为宜。

三、1 小时车程覆盖 300 万人口的地方

如果以上两项都不具备，可选择 1 小时车程范围内能够覆盖 300 万人口（含农村人口）的地方也可以，但是需要在交通主干道边上。

四、合作经营

根据种植者当地实际情况，也可选在已有成熟旅游景区内、城区公园或者公共绿地内，租赁相关管理者的土地或者同他们合作，共同开发和经营牡丹与芍药园。

第二节　牡丹和芍药的栽培面积

一、单一栽培园

如果只是单纯的牡丹园，一般占地面积在 20~100 亩。除去道路、广场等后，实际种植面积在 15~70 亩。

二、多种植物共生种植园

如果是一个以牡丹为主，搭配种植其他植物、花卉的观赏园区，一般占地面积在 50~120 亩。去除道路、广场等后，实际种植面积在 40~100 亩。

三、综合生态园

如果是一个包含牡丹和其他观赏植物和花卉外，还搭配餐厅、户外活动、婚纱摄影、商超等的综合园区，一般占地面积在 100~200 亩。

第三节　牡丹和芍药观赏园的成本投入

一、种苗选择

一般选择根系健康、自生根系较多的牡丹种苗。有一些嫁接的种苗，特别是用芍药根作为砧木嫁接的种苗，芍药根常常是长的非常粗壮，但是牡丹枝条上自生的根较少，这种苗子往往移栽后很难生出新根，移栽后容易死亡或者缓苗期较长。

根据苗子大小，一般每亩种植 800~1 500 株。苗龄以 3~6 年的为主，每株分支约在 5~10 个枝条之间。如果急于开园售票，则应种植一些较大的牡丹，但大苗的投入较大。如果不急于开园，则可种植一些中苗和小苗，2~3 年后便可达到较好的观赏效果。

作为观赏园区，常常种植几株高度在 1.5 米以上的高大牡丹，作为"牡丹

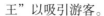
王"以吸引游客。

二、投入成本

根据苗子大小、枝条多少、年龄以及品种差异，一般观赏牡丹价格在 10~50 元。40~60 厘米的中等牡丹价格在 60~80 元；80~100 厘米的中大等牡丹价格在 600~1 500 元；120 厘米以上的大牡丹一般为几千元。但种植大牡丹的株行距较大，虽然价格贵，但每亩种植的数量较少。

观赏芍药的价格一般为：2~4 个芽的 6~8 元，5~10 个芽的 14~25 元。但上述价格只是大致参考价格，具体购买时，根据品种、株型和苗子大小的差异，价格有较大差别。

总之，一般每亩苗子投资在 2 万 ~5 万元。

第四节　常用的牡丹观赏园品种

作为观赏牡丹园，一般选择 35 个左右的品种为主，同时，再少量搭配 20 个左右的稀有品种即可。从整体美观与协调一致的角度来看，没有必要追求太多的品种。

一、各色系中的精品品种

推荐如下精品品种供参考。

红色品种："百园红霞"（彩图 1-1）、"鲁荷红""霓虹幻彩""花王""十八号"（彩图 1-2）、"丛中笑"（彩图 1-3）、"日月锦"（彩图 1-4）、"新岛辉"和"旭港"。

蓝色品种："彩绘"（彩图 1-5）、"假葛巾""蓝鹤"（彩图 1-6）、"蓝宝石"（彩图 1-7）、"雨后风光"（彩图 1-8）、"玉面桃花"（彩图 1-9）和"飞燕凌空"。

粉色品种："银红乔对""雪映桃花"（彩图 1-10）、"贵妃插翠"（彩图 1-11）、"赵粉"和"粉中冠"。

白色品种："香玉"（彩图 1-12）、"雪塔""白鹤卧雪"和"景玉"。

复色品种："月宫珠光"和"岛津"。

绿色品种："绿幕映玉""春柳"和"豆绿"。

黑色品种："初乌""黑豹""黑花魁""冠世墨玉""珠光墨润"和"赛墨莲"。

黄色品种："皇冠（对盐碱地、湿洼地的适应性强，能较好的适应南方气候）""爱丽丝（一年开2次花）""海皇（一年多次开花）""金阁"和"金至"。

紫红色品种："俊艳红""乌龙捧盛""洛阳红"（彩图1-13）"气壮山河"和"大宗紫"（彩图1-14）。

二、花期早晚不同的品种

按照开花的早晚，推荐如下一些品种供参考。

早花品种："如花似玉""西瓜瓤""珊瑚台""粉中冠""兰芙蓉""琉璃贯珠""观音面""雪塔""彩绘""凤丹""俊艳红"和"银红巧对"。凤丹开花比较早，可以在整个园区内穿插种植，或者在每个种植块内予以镶边种植，从而达到凤丹开花时，整个园区都有花看的效果。

晚花品种："海黄""东方锦""初乌""花园珍宝""村红缨""金哥""金至""黄金时代""绿幕迎玉""春柳""十八号""似荷莲""银粉金鳞""紫兰魁""太阳""青翠兰""飞燕凌空""百园红霞""花王""日月锦"和"新岛辉"。

晚花品种在牡丹园盈利周期中担任着重要的角色，因为早期牡丹花刚刚开放时，游客较少，随着宣传和游客自身各种手段的传播，3~5天后，常常是下个周末，第二波和第三波游客会陆续到来，此时如果牡丹园没有牡丹花了，会白白失去这部分收益，因此每个牡丹园一定要重视晚期品种的种植。并且晚期品种一方面要单独划定区域种植一部分，另一方面还可以在早期和中期品种区域穿插种植一部分，特别是可以多次开花的海皇。

花期较长的品种："春红娇艳""首案红""丛中笑""雪映桃花""青龙盘翠""锦上添花""金星雪浪""旭港""花王""首案红""洛阳红""粉中冠""首案红""紫云仙""百园红霞""乌金耀辉""菱花湛露""春红娇艳""满堂红""赛雪塔""兰芙蓉""腰带红""白鹤卧雪""日月锦""海皇"

和"丛中笑"。

部分牡丹品种照片供参考彩页部分。

位于陕西省西安市和河北省石家庄市以北的地区，夏季气温不太高的北方地区可以种植一些白色紫斑和紫红色紫斑牡丹品种（彩图1-15和彩图1-16。具体参见陈德忠先生所著《紫斑牡丹》一书）；南方地区可以种植一些耐湿热的牡丹品种，例如："魏紫""玉重楼""锦袍红""建始粉""玉楼春""西施粉""粉莲""御苑红""皇冠"和"铜炉焰"等。

南方地区雨水较多，土壤含水量高。种植时，应起高于地面30厘米以上的畦，将牡丹种植在畦上。同时，种植坑挖的宽一些，且不要挖得过深，以便使牡丹根向四周舒展开种植，这样根系会较多的在地表较浅的土层中横向生长，避免根系被种植太深而烂根。相反，在北方地区，则应适当种深一些，甚至先开沟，然后在沟内再挖坑种植，避免土壤干旱而致苗子生长不良。

第五节　建立牡丹观赏园实施原则和步骤

一、单一建园要求

如果只建一个单纯的牡丹观赏园，投资不大，并且可以分年度投资，分步实施。一般适合于独立经营，不宜合伙经营。

二、综合生态园设计

附加的餐厅、户外活动、婚纱摄影、商超等可以采取合作的方式，以减少投资。但一定要同该领域内专业人士或者公司合作，并且该人士或者公司要在此领域内经营多年，具有深厚的市场和客户群，因为我们主要看中的是他们的市场和能否带来客户。

三、园内土壤要求

园区土地合同签署前，测量土壤pH值、含盐量等基础指标，如果pH值高于7.8或者低于5.5，则不要租赁。但是如果地理位置非常好，则可以调节

和改良土壤后再种植。

四、土地租赁合同办理

土壤检测合格后开始签署土地租赁合同，由于牡丹种植后可以成活几百、上千年，因此土地租赁合同最好不低于 20 年，越长越好。签署合同时，最好同村委会或者乡镇政府签署一手合同；如果从别人手中再转租，往往存在第一个土地合同签订人不缴纳租金或者其他原因导致其土地租赁违约，从而影响到自己的租赁合同，而发生风险。再者，还要到当地规划部门查看该地块是否被列入规划，如果政府对该地块已经有规划，虽然目前还没有实施，也最好不要租用建牡丹园。最后，合同上一定要注明：合同到期后，按照土地政策继续租赁并有优先续租权。

五、园内综合部局

土地合同签署后，开始制定土壤改良方案、景观设计方案、种植方案、浇水方案、除草方案、宣传方案、招商合作方案、牡丹节和文化活动方案等。

六、园内景观设计

园区景观风格要明晰。整体风格要么是中式、要么是欧式、要么是地方民族特色风格，或者是苏州园林风格。而对于较大的园区，可以设计几种不同的风格区域，但每个区域都应独立。

另外，每一个种植区域都要种成一种鲜明的艺术化的图案，也就是说用牡丹种植出来的这种图案本身就有一定的美感，比如种植成迷宫形状、八卦图图案、品种种植园图案、钱币图案、几何图案、字符图案、图腾图案等等。有的园区做了一些精品种植池，意即：每个池子只种植一个精品品种，比如一个池子种植"皇冠"，另一个池子种植"黑豹"，另一个池子种植"豆绿"等多个精品池，也不失为一种简洁大方的种植方式。

七、栽培时间要求

牡丹在栽培上与其他木本植物有显著的季节性区别，牡丹移栽、嫁接、播

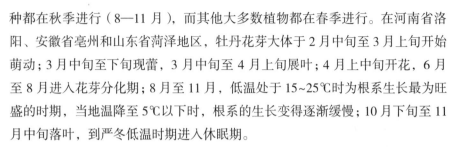

种都在秋季进行（8—11月），而其他大多数植物都在春季进行。在河南省洛阳、安徽省亳州和山东省菏泽地区，牡丹花芽大体于2月中旬至3月上旬开始萌动；3月中旬至下旬现蕾，3月中旬至4月上旬展叶；4月上中旬开花，6月至8月进入花芽分化期；8月至11月，低温处于15~25℃时为根系生长最为旺盛的时期，当地温降至5℃以下时，根系的生长变得逐渐缓慢；10月下旬至11月中旬落叶，到严冬低温时期进入休眠期。

因此，一定要根据当地冬季来临的时节，在8—11月，地温降至10℃以前的1个月内种植，从而确保新种植牡丹的根能有1个月以上的充足时间生出新根。这是牡丹种植极为关键的节点，万万不可错过了季节。

八、筑台种植

牡丹生长较慢，比较矮小，为了景观效果和排水方便，可以筑高于地面40~60厘米高台，将牡丹种植在高台上（彩图1–17）。这样牡丹显得高大和美观，游客拍照效果也好。

九、浇水方式

一般采取喷灌的方式，这样便于除草；如果采用滴灌，最好将滴灌管理于地下，这样不妨碍除草。牡丹耐旱，是指牡丹种植成活并生出足够多的新的毛细根后耐旱。在此之前并不耐旱，并可能会因干旱而死亡。成活后虽能耐旱和耐贫瘠，但与水肥灌施合理的苗子相比，其生长量较小。因此，不可以盲目地一味相信牡丹耐旱、怕涝的宣传，应当给予合理的浇水、施肥。

十、除草施措

牡丹观赏园一般采取人工除草，因为人工除草还具有给牡丹松土透气的作用，有助于增强土壤活力、减少病虫害、使牡丹健康成长。如果采用微型机械除草，就要在种植时将每行苗子种齐，而且行距要足够宽，以便微型机械可以通过。也可以采用覆盖防草布和防草地膜的方式。观赏园内一般慎用化学除草剂（封闭类的除外），以不用为好。

十一、早春去土芽

牡丹从根部发出的芽叫"土芽"，除了老枝更新或分株繁殖需要保留一定数量的土芽外，其余的全部剥除，以免造成植株冗繁杂乱，影响通风透光，跟主干枝争水争肥。剥土芽宜早不宜迟，即当初春土芽刚出土或未出土时，扒开根际的表土，将其剥掉，以免消耗母株的养分，影响开花。

十二、芍药的搭配

牡丹园一般约配置不超过 1/3 面积的芍药，因为牡丹花开后，芍药花开放，可以延长售票期。种植芍药时一般是单独成片种植，也可在牡丹地块的四周种植。不易同牡丹混种在一起，因为混种在一起观赏效果不好。

十三、提前开花

早春，将部分地栽的牡丹用拱棚扣上，可集中一个地方扣，也可以分几个地方扣，使其在正常花期前 5~10 天开花，提前售票，根据园区和市场大小一般扣 2~5 亩即可。也可采用盆栽的牡丹，在温室内促成开花后搬到园区内。

十四、延长花期

选取部分地栽牡丹，在其开花前 10 天左右，上部用遮阳网予以遮阳（彩图 1-18 和彩图 1-19），延长该部分苗子的生长期和开花期，从而达到延长花期的目的。在下雨天，遮阳网还能遮挡雨滴，避免一场大雨把花瓣砸落的情况发生。

十五、延迟开花

选取部分地栽牡丹，在早春花芽萌动前，地表面覆盖稻草，地上再搭上遮阳网，通过延迟花芽的萌动来延迟开花。也可在春天时予以控水、部分时段采用遮阳等措施使其较迟开花，达到拉长整个牡丹观赏期的效果。也可采用盆栽的牡丹，在春天置于温度较低的地方或者背阴处，使其晚开花，待园区大部分牡丹花开完后再搬到园区内。

十六、种植的苗子大小

按照观赏效果，种植的苗子越大越好，以便当年种植，当年即可开园售票。但是越大的苗子价格越高，因此根据种植户的资金情况，可以酌情安排，一般是种植部分高度在 80 厘米以上的大苗；种植部分高度在 40~60 厘米的中等苗；种植一些 10~30 厘米的小苗。以便兼顾种植成本和及早开园售票的需求。

十七、带土球种植

如果运费能够承受，一般 4 个以上枝条的牡丹都应带土球种植（彩图 1-20 和彩图 1-21），土球尽量大一些，这样既可以当年正常开花，而且花后也不用缓苗，也不影响牡丹以后的正常生长和开花。高度超过 50 厘米以上的牡丹，原则上要求必须带土球移栽，否则当年开花后，以后的生长都会受到很大的影响，严重者会造成以后开花少、不开花，甚至逐渐死亡的情况。

十八、第一年遮阳

第一年种植的牡丹一般都可以正常开花，但是花后不久夏天来临，因为第一年毛细根没有生长出太多，其吸收的水分不足以支撑叶片的蒸发。因此，在 3—5 月（据南北差异而定具体种植时间，一般是在当地高温来临前 50 天时种植），在牡丹中间种植一些玉米、高粱、向日葵等大叶高秆植物给牡丹遮阳，助其度过第一年的夏天。面积小的园区，也可以进入 6 月后搭遮阳网遮阳。很多园区因为没有重视第一年的遮阴，导致夏天还没过完，大片牡丹叶片即开始焦枯、死亡。

十九、冬季防风防寒

河北省保定市以北的地区，特别是东北地区和内蒙古自治区等地，对第一年种植的 50 厘米以上的大牡丹，需要对枝条进行防风防寒。方法为：首先将枝条拢在一起，用绳子扎住，然后用牛皮纸或者铜版纸印刷的报纸将全部枝条包裹 2 圈，外面再用无纺布或者彩条布缠绕 2 圈，最后外面用绳子扎住（彩图

1-22 和彩图 1-23)。最好连续防寒 2 年。

注意事项：绝对不可用塑料布缠绕枝条，因为塑料布不透气，在冬天阳光好时会致内部温度上升而诱发花芽生长。以后冬天可不用做防风防寒措施。在北方地区种植的牡丹，第一年冬天会有部分牡丹冻死，除去低温的原因外，更主要的原因是北方地区冬天风比较多，风会将枝条上的水分带走，而在北方地区秋天刚刚种下的牡丹，生出的新根很少，几乎无法吸收到水分供应枝条，最后导致枝条失水干枯而死。

二十、牡丹园建园周期

牡丹园经营要至少坚持 3 年，期间死亡的苗子或者长势不好的苗子及时补充，坚持推广宣传，持续完善品种，坚持不断丰富各种文化、经贸活动。万万不可第一年没有看到人气和收入便轻易放弃，一个牡丹园区往往需要 3 年以上才能形成一定的知名度。

二十一、牡丹园内其他花的搭配种植

牡丹园内牡丹花开放的初期和花开放的后期，游客不见得抱怨牡丹花开的少，有可能会抱怨花园内花的典型比较少。因此，要围绕牡丹花开放前、开放中和开放后种植一些也在同期开花的一些其他花卉，比如草本像郁金香、冰岛虞美人、风信子、鲁冰花和花毛茛；木本花卉，像樱花、海棠、丁香、紫荆、榆叶梅、桃花、梅花、月季等。

同时，还可以种植一些夏、秋时节开放的花卉，比如：马鞭草、观赏向日葵、波斯菊、百日草、醉蝶花、大丽花、菊花、假龙头、福禄考、千日红和地肤等。

这样一方面可以拉长花卉观赏期和售票期；另一方面也避免了顾客的一些抱怨。

第六节　牡丹节和文化活动策划

一般是围绕盈利点和人气去策划活动。一类是吸引更多游客前来参观的活

动，特别是在园区筹建前期，例如：牡丹金曲大赛、牡丹旗袍秀、花园马拉松、牡丹书画大赛、牡丹摄影大赛、牡丹仙子模特大赛、牡丹花田动漫、花舞大赛、古装赏花秀和小丑节等。

建议上述活动分两大类：一类是同社会上各种社团组织和专业公司合作承办。由于他们办出的活动更专业，而且他们也有固定的专业客户群。同时也可同政府的一些职能部门，比如：教委、妇联、民政局、宣传部等共同举办一些公益性的活动。另一类是本身即可盈利的项目，例如：园区内摊位租赁、园区内外广告、名优产品展、豪车名花汇、赏花美食节和旅游购物节等。

第七节　园区门票和商务宣传

一、园区门票价格销售策略

园区门票价格宜一步到位，销售时可以打折销售，等园区完全成熟后再全价销售。如果门票价格定的过低，以后再提高价格不太容易。

另外，在花开放的初期和后期，可能花的观赏效果稍差一些，亦应适时降低门票价格，以免游客产生抱怨。

二、园区门票印制特点

门票印制时，一面是园区风貌，另一面可以作为广告版面，寻找当地企业做票面广告。也可以由当地企业出门票印刷费，然后免费为其做票面广告。

三、商务宣传推广

给幼儿园、小学的学生、养老院和福利院的老人及残障人士免费发放爱心门票，因为该部分人群一般需要有人陪同前来，因此在奉献爱心的同时，获得了一部分客源。在饭店、宾馆内放置园区宣传海报和门票，凭盖有饭店和宾馆印章的门票享受半价。同妇联合作举办"赏花相亲会"，通过妇联来宣传，也可同旅游公司开展长期合作，由其每年承包所有的票务和宣传工作，然后门票分成，我们只是专心做好牡丹园区的管理工作。

第八节　牡丹观赏园项目的特点和风险

一、牡丹观赏园项目的特点

1.周期短、见效快。当年投资、当年收益，从种植到收取门票需要5~8个月时间。

2.成本回收快。运作好的当年收回投资，慢的2~4年收回投资。

3.生命周期和收益。牡丹文化观赏园运营周期长，具有一劳永逸、一次投资、多代受益的特点。国内有很多现存百年以上的牡丹园，例如：河北省柏乡县的汉牡丹园距今已达上千年了；山东省菏泽市赵楼牡丹园也已近千年；北京市内景山公园的牡丹也有几百年；山西省古县第一牡丹园至今已有1 300多年了。可见牡丹园项目寿命长，收益期也长，而且越是后期，纯收益越高。

二、牡丹观赏园项目的风险

1.地理位置决定成败，一定要选好的位置。位置比规模重要，有的牡丹园面积有几百、上千亩，但因比较偏远和交通不便，游客较少。一定要接受这个教训。

2.根据市场大小决定建设规模。牡丹园不在面积大小，而在"精、巧、美"。牡丹园核心观赏区30~150亩即可。面积过大，游客根本没有精力游览完毕，游客数量也不会随着面积的增大而成正比例增加。

3.分步实施建园。建园时最好分2~3步实施，先建一座中、小规模的牡丹园，一边盈利一边滚动发展，不能满足市场后再扩建。这样在第二期建设时，也便于吸取当地市场和游客对前期牡丹园的要求和建议，扩建时予以满足。从而也确保建设的牡丹园符合当地市场的喜好。

第九节　牡丹观赏园的效益

一、对现有牡丹观赏园效益分析

观赏园的效益同其所在的城市、宣传力度、活动策划和组织的好坏息息相关，很难对一个待建的牡丹园做出较为准确的效益预测。以下仅列举几个已建牡丹园在 2015 年花期期间（20 天左右）门票收入情况，仅供参考。

山东省菏泽市曹州牡丹园门票收入 1 600 万元左右；河南省洛阳市王城公园 2 000 万元左右；河南省洛阳市国家牡丹园 1 200 万元左右；北京市琉璃河天香牡丹园 80 万元左右；山东省菏泽市百花园为 160 万元左右；山西省古县第一牡丹园 60 万元左右；河北省柏乡县汉牡丹园为 500 万元左右。

二、牡丹观赏园的活动合作

牡丹园还可同社会上各种组织合作举办一些其他活动获得收益，例如：在"十一"前后举办菊花展；春节至元宵节举办彩灯及灯笼庙会；夏天举办灯光夜花园、啤酒节、集体婚礼、农村大集等，也能获得不菲的收入。合作模式一般为牡丹园只是提供场所，其他都由活动举办方运营，然后门票分成；或者按天将场地租赁给活动举办方。

第十节　牡丹观赏园为当地的经济发展及带来的收益

一、宾馆住宿

牡丹文化节期间，由于大量游客前来赏花，宾馆常常爆满，像河南省洛阳市和山东省菏泽市的宾馆一般在原价基础上上涨 2 倍以上，即使这样，上述市区宾馆往往已经住满，游客不得不住到附近县城。

二、餐饮美食

赏花之外，品尝当地美食是游客的另一大需求。牡丹节期间，大小饭店游客爆满，常常出现游客在饭店门口等座的情景。园区同期可举办美食节，主要采取摊位租赁的方式获得租金收益；或者场地免费，餐前统一购买就餐卡，园区提取一定的管理费。

三、旅游产品及当地土特产品销售

购物是除赏花、餐饮之外的第三大收益，尽兴游览之后的游客大都买些地方特色产品，或自用或作为馈赠佳品送给亲朋好友。作为牡丹园经营者，可以在花期期间开展购物大集活动增加收益的目的。第一种方式是将场地划片出租；第二种方式是场地免费，购物后统一结算，提取一定的管理费；第三种方式是园区自己进货，自己销售。

四、联合政府、企事业单位举办活动

牡丹花期期间，借赏花之机，政府、企事业单位和各行业组织举办"以花为媒，文化、科技产品展览及经贸合作洽谈为一体的综合性经济文化活动，成为当地发展经济、文化的平台和展示城市形象的窗口；也成为当地企业展示实力、树立形象、宣传扬名的舞台。

据报道，2016 年，河南省洛阳市牡丹花期期间游客达到 2 000 多万人，城市综合收入超过 100 亿元，而洛阳市所有牡丹园门票收入超过 2 亿元，牡丹花在洛阳市每多开 1 天，整个洛阳市增加 3 亿元左右的收入。同样，2016 年，山东省菏泽市牡丹花期期间游客达到 70 万人左右，菏泽地区城市综合收入超过 10 亿元。可见，牡丹观赏园对地方经济的贡献和拉动作用远远大于园区本身的收益。

第十一节　国内可供参考的牡丹观赏园

有计划建设观赏园的朋友，可以参观学习本节提供的如下著名牡丹观赏园，借鉴一些经验，汲取他们的教训。同时，避免自己像他们一样在建设过程中走过的弯路。国内各家牡丹园的详细资料可以在互联网上检索，以下仅仅向读者提供具体牡丹观赏园名称。

1. 河南省洛阳市神州牡丹园。

2. 河南省洛阳市王城公园。

3. 河南省洛阳市国家牡丹园。

4. 山东省菏泽市曹州牡丹园。

5. 山东省菏泽市百花园。

6. 山东省菏泽市古今园。

7. 云南省武定县狮子山牡丹园。

8. 河北省柏乡县汉牡丹园。

9. 北京市房山区琉璃河牡丹园。

10. 山西省古县第一牡丹园。

11. 北京市景山公园牡丹园。

12. 江苏省邳州市牡丹园。

13. 山东省菏泽市花乡芍药园。

第二章
芍药切花

选择生长高度超过 60 厘米，花茎粗壮挺拔，花蕾洁净美观，耐水养的芍药品种进行种植，在含苞待放时予以切花，销往花卉批发市场（彩图 2-1、彩图 2-2、彩图 2-3 和彩图 2-4）。

第一节　芍药切花品种的选择标准

一、株高

经过几年来对国内外鲜切花市场的调查，对于芍药切花的长度，一般要求 40 厘米、50 厘米和 60 厘米 3 种规格。另外，还应考虑到采切后植株生长发育的需要，采切时必须给枝条基部留有 3~4 片叶，以保证植株继续进行光合作用和生长，为下一年花芽的发育提供营养。这样，必须从枝条基部第三片或第四片叶算起，至花蕾下部，枝条的长度要足够 40~60 厘米。

二、花茎（枝）

切花品种选择上，必须选择花茎粗壮挺拔的品种，以保证鲜花水养过程中不至于弯曲垂头，确保其观赏效果和切花的商品品质（彩图2-2）。有很多芍药品种非常美观大方，但就是因为花茎细、或者弯曲、或者短而不能进行切花。

三、花蕾型

花蕾的形状，是鲜切花给人的第一印象，它直接影响着切花的商品价值。芍药切花品种的花蕾形状，必须洁净美观，以圆形花蕾、椭圆形花蕾和扁圆形花蕾为好（彩图2-4和彩图2-5）。花蕾绽口型的品种，其花蕾形状不美观，水养时也不易盛开，一般不作切花用。

四、耐水养、耐贮存

鲜切花的水养效果和水养时间的长短，以及耐贮存性，决定了切花的利用价值。通过多年对芍药切花进行水养观察和对比，发现不同的品种，水养时间的长短、水养效果的好坏及耐贮存性，都有很大的差别，切花的耐水养性和耐贮存性，也是选择芍药切花品种的重要条件之一。

五、花型

芍药品种的花型丰富多样，而作为切花品种的花型，必须端庄秀丽，美观大方，花瓣质地硬厚，排列整齐清晰，花型以绣球型、菊花型、蔷薇型、金心型、皇冠型、千层台阁型和托桂型为好。千层台阁型的品种，因花朵太大，容易弯曲垂头，花瓣层次太多，往往在水养过程中不能完全盛开而凋谢了。

六、花色

不同地区、不同层次的人们，因其风俗习惯、个人爱好各有差异而对花色有不同的爱好。如欧美等西方国家，多喜欢花色素洁淡雅的品种；而我国及部分亚非国家，则较喜欢花色艳丽的品种。因此，选择芍药切花品种时，花色一定要丰富多样、五彩缤纷，以满足不同地区、不同层次人们的需要。近几年，我国红色、粉红色切花种植面积较大，而粉色、白色种植面积较小，市场缺口较大。

第二节　目前常用的芍药切花品种

一、早花品种

1. "大富贵"。花型美观、花苞较多、切花率高、缺点是花茎短。

2. "粉凌红花"。粉色，切花率高、秆直立，长得快。

3. "朝阳红"。红色，切花率高、秆直立，长得快。

4. "紫莲望月"。紫红色，花苞好看。

5. "红峰"。红色，颜色亮丽，秆直立。

二、中期品种

1. "雪山紫玉"。花苞大、花大、粉白色。

2. "雪原红星"。白色，白色系中开花较早，花瓣上带有少许红色斑点，花开放后不易掉瓣，花苞好看。

3. "仙鹤白"。白色，花苞大。

4. "粉盘藏珠"。粉白色，长得高，但花苞不好看。

5. "红绣球"。红色，花色艳丽，但茎秆稍短。

6. "英雄花"。紫红色，比红绣球颜色亮丽。

7. "湖水荡霞"。粉蓝色，花型好，花秆稍有弯曲。

8. "红茶花"。红色，花秆长、花苞大。

9. "粉凌红花"。粉色，粉色系中开花较早。

10. "冰山"。白色，白色系中开花中期，花苞美观，花开放后花瓣不易掉。

11. 其他较适合切花的品种还有："玉兰金花""粉重楼""红富士""兰富士""红峰""富丽""红艳争辉""红颜飞霜""少女装""荷兰红""月照山河""朝阳红""银线绣红袍"。

三、晚期品种

1. "桃花飞雪"。粉红色，侧蕾少，花开放后较大，花枝稍有弯曲。

2. "种生粉"。粉色，长势高、是粉色系中较好的品种。

3. "西施粉"。粉色，长势一般、花枝稍有弯曲。

4. "晴雯"和"兰田飘香"。粉蓝色，切花率高，花秆直立"。

5. "高秆红"。紫红色，花秆长且直立。颜色较重，不宜种植太多。

6, "杨妃出浴"。白色，目前是白色系中最好的品种，花秆粗壮直立。

7, "迟粉"。粉色，是粉色系中开花最晚的一个品种，同时也是所有芍药中开花最晚的品种之一。

8. 其他晚期切花品种还有："艳阳天""粉珠盘""瓷白""美人面"。

第三节　切花芍药的采切和保鲜

一、剪切芍药最佳的时间

在花蕾显色变软而未开花时，即含苞待放时采切最好（彩图2-5），采切过早不易开花。剪切时间最好是在早上5:00~10:00，中午气温高，蒸腾作用强，不易采收。在满足花茎长度40厘米的基础上，剪切位置要在距地面第3片叶以上，如果某支花茎总体长度低于40厘米，宁肯不剪，也要保障其的正常生长和秋季花芽的形成。

剪切时如果切口过低，雨水会随切口沿茎秆内导管向下流，造成根部腐烂，不利于植株次年的生长。

二、采切后的保鲜

1. 低温操作

切后尽快将切花转移至4~10℃的低温环境下进行后续操作，一般是在保鲜库内进行（彩图2-6），为了保证花枝清洁并避免贮藏过程中霉烂变质，采后立即去掉枝条下部的叶片，只留上部3~4片复叶，然后用清水对枝条和叶

片进行冲洗（对于绽放的花蕾，注意不要让花蕾浸到水），然后再转移至 40%
的多菌灵 1 000 倍液与 40% 的久效磷 2 000 倍液配成的混合液中消毒浸泡约
5~10 分钟（注意不要让花蕾浸到药液），然后再放入盛有保鲜液（一般用荷兰
可利鲜公司的 AVB 配制保鲜液，AVB 不但可以消除部分乙烯，而且还具有杀
菌作用）的容器内浸泡 4 小时（也可用 1 毫摩尔 / 升的硫代硫酸银溶液浸花枝
基部 10 分钟）。最后取出，每 10 支一束，稍晾后待叶面无水珠，将切花放入
内置塑料袋的纸箱中，箱子一定要抗压性强。在 0~2℃的环境中贮存可达 6~8
周。运输时，将冰袋置入纸箱内芍药切花中间（将冰袋用报纸或者无纺布包裹
一下，以免冰袋直接接触花蕾，将花蕾冻伤），然后外面再包裹一层隔热材料，
即可通过长途大巴车、专车或者空运发送到花卉市场；一般不采用物流车或者
配货车，因为这些车辆不能保证准时到达。

2. 容器消毒

上述用到的容器一般采用塑料筐或者塑料桶（彩图 2-7），使用前必须用
杀菌液对容器进行清洗消毒 2~3 次，避免细菌侵入切花导管，在其内繁衍，
堵塞导管。导管一旦堵塞，将切花从保鲜库取出插入水中后，水分不能通过导
管吸收进入花蕾，从而导致花蕾不能开放。采摘后的消毒浸泡，主要也是对枝
条内的导管进行杀菌，这样细菌不会在导管内滋生，也就不会堵塞导管。

三、生产实践中的一些经验

1. 大面积种植时，最好将冷库建在地头，或者采摘时将冷藏保鲜车停放
在地头，以便采切后立即进行保鲜贮藏。

2. 如果种植面积较小，或者种植地块比较分散，则可临时租用保鲜车停
在地头，将切下的花在直接放到保鲜车内，在其内加工完毕后发往市场。

3. 有一些离市场较近的花农（采切后 2~5 个小时可到达市场），常常将鲜
花切下后，不做任何处理，直接送到批发市场。这种方式一般不耐储存，2~5
天内使用最好。

4. 瓶插芍药切花时，应将百合伴侣配入瓶插液内，可以延长开花期（瓶
插期）。

第四节　采前及采后生产中应注意的事项

一、乍暖还寒之际施用寡聚糖的作用

在早春，春寒料峭，往往会有倒春寒，使刚刚萌动出的芍药花苞因低温而败育。可在早春，将大分子和小分子的寡聚糖混合在一起喷洒在植株上，降低冰点，从而保护发育中的花苞免受低温的伤害。

二、叶面喷施葡萄糖的作用

在芍药生长中期，可在叶面喷施葡萄糖或其他叶面肥，促进花苞膨大和增加植株的抗逆性。

三、叶面喷施含钙及硅的作用

在芍药生长期间，可在叶面喷施含钙及硅的药物，使芍药茎秆加粗，防止早衰，促进根系发育，并加强抗倒伏能力。

上述药物也可配置在一起喷施。当配置在一起喷施时，应适当降低各自的浓度，可各自降低一半，以免发生药害。

四、切花芍药采切后

切花芍药采切后，应立即喷施 2~4 次护叶素，一方面是加强叶片的营养；另一方面更重要的是加强叶片抵抗即将到来的夏季高温和强烈的阳光灼伤。

第五节　切花芍药的投资和效益

一、投入部分

1. 苗子。我们以种植 1~3 个芽的小苗为例进行说明。种植的株行距不小于 50 厘米 × 80 厘米，每亩种植 1 600 棵，每棵小苗价格为 6 元，每亩苗子投资约为 9 600 元。

2. 土地租金约 1 200 元 /（年·亩）。

3. 养护及水肥费用约 700 元 /（年·亩）。

（1）第一年投入总计约 11 500 元。芍药是 8—9 月种植，该费用含苗款 9 600 元、8—12 月地租 500 元，整地和苗子种植费用 600 元。

（2）第二年投入约 1 900 元。主要是土地租金和一年的养护费用

（3）第三年投入约 1 900 元。主要是土地租金和一年的养护费用

（4）第四年投入约 1 700 元（因为苗子长大了，基本上覆盖了地表，除草费用降低了）。

（5）第五年投入约 1 700 元。5 年累计投入约 18 700 元。

二、收入部分

1. 第一年没有收入。

2. 第二年收入。每株切花约 2.5 支，扣除切花费用后，每支地头批发价格约 1.5 元（2016 年地头价是 1.5~2.0 元。也有种植芍药观赏苗的农民在开花时，采切部分芍药花以 1 元左右较低价格销售的情况），收益 6 000 元。

3. 第三年收入。每株切花约 4 支，每支地头批发价格约 1.5 元，收益 9 600 元。

4. 第四年收入。每株切花约 6 支，每支地头批发价格约 1.5 元，收益 14 400 元。

5. 第五年收入。每株切花约 8 支，每支地头批发价格约 1.5 元，收益 19 200 元。

5 年累计收入：49 200 元。

以后每年都可以按照 19 200 元计算（原则上是下一年比上一年切得数量要多）。

三、生产实践中的一些经验和做法

1. 第 3 年至第 4 年时，苗子已经长大，将苗子刨出，一棵大苗可以分株成 4~6 棵小苗，然后将 1 亩地扩繁成 4~6 亩地。

2. 第一年种植小苗时，种植的密度加倍，一是不易长草，二是充分利用土地，生长 2 年后，隔一行刨一行销售。该半亩地销售的苗子收入即可以将前 2 年的投资全部收回。

第六节　芍药切花项目的特点

一、周期短、见效快

当年投资种植、6~8 个月后即可切花销售。当然，如果种植的是小苗，需要生长 1 年后再切花较好，一般 3~4 年收回投资。

二、集观赏和生产于一体

芍药花含苞待放时，切去一部分用于销售，剩余一部分让其花朵开放，销售门票供游客观赏。

三、常年生长，多代受益

芍药可无限持续生长上百、上千年，生命周期长。可以说，是一次投资，多代受益，一劳永逸的好项目。

四、可自我繁殖复制

芍药小苗种植 4~6 年后，将其刨出，1 株大苗可分株成 4~8 株小苗，然后再种植下去，其结果是种植 1 亩小苗 4~6 年后，可以繁殖成 4~8 亩。

第七节　芍药切花的风险分析

一、种植位置与市场的距离风险

种植基地最好靠近市场或者机场、便于就地销售或者快速运到市场，避免储存太久造成损失。

从基地到市场的运输时间一般控制在 12 个小时之内，否则包装箱内容易因切花呼吸作用及外界因素等引发的高温而"烧烂"花苞。

二、市场风险

1. 专营芍药切花的经营者，对其种植地点应该仔细选择。最好在国内中部和南部城市附近种植。因为 3—6 月上旬是鲜切花消费量较大的时期，这个时候采切非常容易销售。因此，选择在河北省承德市、内蒙古自治区赤峰市和甘肃省兰州市以南的城市种植都能赶上上述时期采切。

2. 国内外鲜切花市场的特点。就国外鲜切花市场而言，荷兰市场每年销售约 2.0 亿 ~2.5 亿支芍药鲜切花，目前，中国年产约 2 000 万支，市场缺口较大。与玫瑰切花相比，我国玫瑰切花每年约消费 15 亿支，存在的差距更大。

三、储存风险

1. 储存中的失水风险。在冷库中储存时，一定要保持 70% 以上的湿度，避免花蕾和茎秆失水，一旦过度失水超过临界点，芍药切花从冷库中拿出后，即使将其完全浸泡于水中，花茎也因无能力吸收水分而致花蕾无法开放。常有生产商因此而扔掉成千上万的芍药切花。因此，建议采取以下措施。

（1）可在放入冷库之前，让花秆吸足水分。

（2）在储藏时堆放高度不要超过 20 厘米。

（3）在储藏期间在切花上面盖上用水浸湿的棉布等措施予以避免。

2. 储藏中的发霉风险。储藏时如果堆放过厚，内部会因呼吸作用产生内热而至发霉；储藏堆放时花苞必须全部朝向外侧，与空气直接接触，否则如果花苞朝向堆放的内部，容易因空气不流通和内热等原因而发霉。

四、运输风险

1. 从基地到市场的运输时间一般控制在 12 个小时之内，否则包装箱内容易因切花呼吸作用及外界因素等引发的高温而"烧烂"花苞。

2. 运输时必须在每个包装箱内放置足够量的预冷的干冰冰袋，或者冻成冰块的瓶装矿泉水等。以保证运输过程中纸箱内温度不会上升太高。

运输的纸箱必须采用质地坚硬的进口牛卡纸制作，避免运输过程中箱子被压瘪，或者破损，从而损伤切花。

第三章
盆栽牡丹和芍药

每年9—10月，将牡丹栽入盆中，养护半年后，可以随时销售和种植，打破了牡丹一般只能秋天种植的缺点，延长了销售期。另外，盆栽的牡丹开花时，还可以搬到公园、商场等多种公共场所开展移动的牡丹展览和销售（彩图3-1、彩图3-2和彩图3-3）。还可以采用周年开花生产技术，打破季节的限制，让盆栽牡丹在秋天、冬天或任何一天开花。

第一节　盆的准备

一、栽培用盆的选择

一般用黑色塑料盆（彩图3-4），或者黑色控根容器（彩图3-5）。黑色盆遮光性强，有利于生根。盆内的控根设置，可增加根系的吸收面积。盆子一般适当大一些，给牡丹根系的生长留出空间。

普通红色、白色塑料盆、瓦盆也经常被使用。陶瓷盆较美观，但因为较重且透气性差，一般作为装饰性盆子使用，即牡丹花快开放时，将牡丹从塑料盆中移至陶瓷盆内，或者连同塑料盆一起放到陶瓷盆内。

二、栽培用盆装饰效果

在开展盆栽牡丹花展览时，一般在盆子的外面做一些装饰（彩图 3-6 和彩图 3-7），或者只把最外面一排的盆进行装饰，以增加美观效果。

第二节　盆栽牡丹和芍药栽培基质的准备

栽培基质以疏松、透气、保肥、保水为原则。因为牡丹的根是肉质根，营养丰富，很容易发生病虫害。所以，基质必须要经过杀菌、杀虫和发酵处理，一般用多菌灵、甲基托不津、代森锰锌、辛硫磷等化学药剂消毒。不能用排水不良的黏土或盐碱土，否则易造成烂根死亡。

常用且较好的基质有：

1. 草炭土：蛭石 =3∶1，其优点是轻，便于搬运。同时草炭土能够快速促进生根，而且生根量大。

2. 腐叶土：田园土：细炉渣 =2∶2∶1。

3. 草炭土：珍珠岩 / 蛭石：细炉渣 =6∶3∶1。

配方 2 和 3 的保水能力差，需要经常浇水，否则在生长后期花蕾和叶片容易下垂，特别是在中午太阳较为强烈的时候；另外这两种配方促进新根生长能力也差，从而导致叶片得不到充足的新根分泌出的细胞分裂素和生长素等，而致叶片较小，达不到花繁叶茂的效果。

生产中一些农民朋友为节省成本只用掺了土杂肥的大田土，不仅其效果转差，而且搬运起来较重。还有的用养蘑菇的培养基，但是牡丹根在蘑菇培养基中不易生根。

第三节　起苗

一、起苗要求

1. 盆栽牡丹。宜选择茎节短、株型紧凑、叶片直立向上、容易开花、花朵直立、花型好的品种。

常用的盆栽品种有："霓虹幻彩""百园红霞""俊艳红""冠世墨玉""新日月""珠光墨润""洛阳红""银红乔对""皇冠""香玉""雪映桃花""月宫珠光""珊瑚台""迎日红""日月锦""花王""粉中冠""春红娇艳""首案红""丛中笑""青龙盘翠""锦上添花""金星雪浪""旭港""首案红""紫云仙""乌金耀辉""菱花湛露""满堂红""赛雪塔""兰芙蓉""腰带红""白鹤卧雪""玫红争艳""桃花飞雪""锦绣球""鲁荷红""赵粉""卷叶红""如花似玉""贵妃插翠""飞燕凌空""飞燕红妆""朝衣""青龙镇宝"和"金星雪浪"。

2. 起苗时间。一般 9—10 月起苗，起苗前，如果牡丹叶片还没有落掉，先在大田将牡丹枝条上的叶片去掉，保留叶柄，以保护花芽，如果将叶柄也去掉，叶柄基部同枝条连接的部位会有较大伤疤。然后将牡丹枝条拢在一起，用绳子捆扎（彩图 3-8），以利后续操作中不损伤枝条和花芽。

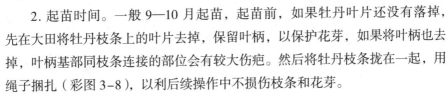

二、移栽关键

植株挖出后去掉覆土，挖掘时应细心，避免损伤枝条，尽量保持根系的完整，减少断根，一般用铁叉挖（彩图 3-9），如果用铁锨挖容易伤根。因为刚挖出的根比较脆，容易断，故苗子挖出后晾根 2~3 天，使其变软（彩图 3-10），不可在阳光下暴晒，当根系脱水变软后即可上盆。

第四节　装盆

一、装盆用药须知

装盆前将植株的伤根与病根剪除，以免装盆后继续腐烂，然后将根在含有杀菌、杀虫和生根剂的溶液中浸泡 30~40 分钟，也有花农让根部沾取少量草木灰增强杀菌和生根能力。

1.常用的杀菌剂。多菌灵、百菌清、代森锰锌。

2.常用的杀虫剂。乐果、辛硫磷、西维因。

3.常用的生根剂。ABT 生根粉、萘乙酸、吲哚丁酸。

分别按照说明书使用即可。

二、视植株大小选择容器

1.上盆前操作要点。上盆前，盆底铺厚约 2 厘米的碎瓦片或陶粒（也可用石砾或炉渣），一是为了不使盆子底部积水，便于排水，避免烂根，二是为了透气给根系提供氧气。然后放入 3 厘米左右的基质，接着放入牡丹，将植株放于盆子中央，根茎处略低于花盆上沿 2~3 厘米，让根顺其自然按同一方向旋转放于盆内，基质填到 1/2 或 2/3 时，摇晃花盆使基质均匀的分布于根系间，然后略微向上提一下植株，使根系舒展，同时用木棒轻轻捣实基质，以保证根与基质充分接触，以利生根。最后再填基质至盆子上沿，用木棒捣实。捣实后的基质应低于盆口 3 厘米左右（彩图 3-11 和彩图 3-12），以便于浇水，施肥。

2.上盆后操作要点。上盆后不要立即浇水，先让受伤的根系愈合一下伤口，3~5 天后再浇透水。

不同于大田的地栽牡丹，盆栽牡丹要经常浇水，但每次的水量不可过大，以免烂根。为节省人工，建议采用滴灌。

苗子长大后，可更换成大盆，通常在 9—10 月更换，换盆时宜多保留些宿土（原盆的土），并施入基肥。

第五节　生产实践中装盆后的处理

一、盆栽后对植条进行修剪

最科学的处理方法是将"牡丹枝条半平盆"，即在每个枝条的顶芽下约5~15厘米处将枝条剪去，标准是要确保剪断后的枝条上至少有2个以上侧芽。剪下的枝条可以作为接穗进行嫁接繁殖（见第四章内容）。

这样做的原因是：刚刚盆栽的牡丹，半年内一般不会生出太多新根，而第二年开春后，每个枝条上的顶芽会迅速生长、形成花蕾、然后开花。这个过程需要消耗大量的营养，而因为刚盆栽的牡丹新根较少，不能从基质中及时汲取足够的营养，只好大量消耗根部储存的养分。这样第一年开花后的2~3年内，盆栽牡丹的新根系生长和新花芽的发育都大大受到影响，甚至导致不开花。因此，去掉顶芽后，牡丹第一年不开花，便有足够的营养和时间生出足够多的新根系，确保以后无论是反季节生产还是正常生产，年年都能正常开花。

二、盆栽后对植条不进行修剪

盆栽后，不对枝条进行任何修剪，直接用于当年的年宵花生产，即春节前让其开花。这种生产方式会导致牡丹在夏天逐渐死亡，即使活下来的，也没有大的商品价值。原因是：刚刚盆栽的牡丹，还没有生出良好的新根系，而老根上的营养在随后花芽的生长、开花过程几乎被消耗完。

三、不修剪枝条的盆栽牡丹，开花前后的处理

大多数花农，在牡丹盆栽后，不舍得修剪牡丹枝条，将盆栽牡丹放置在向阳背风处，第二年开花时直接销售牡丹盆花。这种方式，会导致大部分牡丹在夏天逐渐死亡。对于不修剪枝条的盆栽牡丹，可在花蕾萌动后，去掉一部分花蕾（保留叶片），只留约一半的花蕾继续生长至开花，并在夏天来临时将盆栽牡丹放置到阴凉处，以便降低水分的蒸腾，这些措施可以确保大部分牡丹存活并保持一定的商品价值。

四、篓栽牡丹

篓栽牡丹是将牡丹栽种于四周和底部都透气的塑料篓中（如四周带孔的垃圾筐）（彩图 3-13），然后再在大田挖坑种到大田里。与盆栽方式相比较，其优势如下。

1. 篓栽牡丹所用的塑料篓透气性好，不积水，接地气。牡丹根系能更好地伸展和吸收养分，加快牡丹苗的生长，缩短育苗周期。

2. 篓栽牡丹移栽方便快捷，节省人工，移栽成本低。

第六节　盆栽后的基本养护

一、光照管理

牡丹花喜光，但怕暴晒，炎热夏季的高温常常会灼伤叶片。再加上盆栽牡丹的根系吸水能力受到限制，所以夏季一定要适当遮阳，一般夏季10:00~16:00 用遮阳网遮盖，夏季的中午时刻严禁暴晒。而春季和秋季则摆放于背风向阳的地方为好，充分接受阳光。

二、水分管理

牡丹总体上喜干燥，但不要误以为牡丹耐旱，只不过是不要让土壤中水的饱和度过高，否则其肉质根容易腐烂。所以给牡丹浇水的原则是"勤浇水、但每次浇水的量都要少"。特别是盆栽的牡丹更是要勤浇、少浇。夏季气温较高的时候，更要适当增加浇水的次数。而秋季浇水就适当减少，以防诱发花芽提前萌动，影响第二年的开花。冬季进入休眠后，盆土不干就基本上不用浇水。

三、施肥

牡丹喜肥，要注意适时追肥。对新上盆的牡丹，半年内一般不再施肥，盆土配制时加入的基肥就基本上可以满足其生长的需要了。追肥一般是在半年后开始，一年追肥 2~3 次为宜。主要是春季花蕾成长阶段，花开完后和秋季施

肥。施用传统有机肥就可以，可以施入盆土中，也可以浇水时一并施入液态有机肥。

四、病虫害管理

叶部疾病主要是灰霉病和叶斑病，以春天发芽时喷施杀菌剂预防为主。一旦发生上述病害，及时去除病枝，可选用 1% 波尔多液，70% 甲基托布津1 000 倍液，65% 代森锌 500 倍液或 50% 氯硝铵 1 000 倍液每隔 10~15 天喷1次，连续喷 2~5 次。

根部疾病主要是根结线虫、蛴螬和根腐病。 根腐病主要是因水分和湿度过大，诱发镰刀菌和蜜环菌复合感染引起。预防措施是：在种植前，用可湿性粉剂 70% 甲基托布津 600~800 倍液和 1 000 倍的甲基异柳磷混合液浸泡牡丹根 5~10 分钟后再种植。对于已经种植后发病的牡丹，可用上述药液灌根或者浇水时一同施入。对于蛴螬的防治可将甲基异柳磷施入花盆中。对于线虫可用10% 克线磷颗粒剂，或 40% 甲基异柳磷 800 倍液，或 3% 甲基异柳磷颗粒剂，或涕灭威，或磷化铝片施入花盆中。

第七节 盆栽牡丹和芍药年宵花生产

在春节前约 50 天左右将盆栽牡丹移进温室，模仿其在春天发芽、生长、开花过程中的温度、水分和光照条件，让牡丹在春节期间开花。牡丹在移入温室前生出大量具有吸收功能的新根，以补充外源营养，是提高催花质量的有效方法。

将本章第五节中"牡丹枝条半平茬"方法盆栽的牡丹（主要是指半平茬后的）在盆中养护至少 13~15 个月后，选择新根生长良好（彩图 3-14）、花芽饱满的移入温室。催花过程大致分如下几个时期，有些书中分的时期比较细，农民朋友难以掌握，在此将其合并成以下几个时期，具体如下。

一、花芽膨大期

刚刚移入温室的牡丹需要一个适应过渡阶段，一般为 5~8 天，模仿早

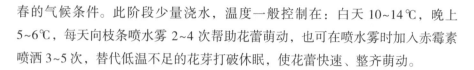

春的气候条件。此阶段少量浇水,温度一般控制在:白天 10~14℃,晚上 5~6℃,每天向枝条喷水雾 2~4 次帮助花蕾萌动,也可在喷水雾时加入赤霉素喷洒 3~5 次,替代低温不足的花芽打破休眠,使花蕾快速、整齐萌动。

二、花蕾萌动期

一般牡丹移进温室后的第 9 天至第 15 天,花蕾将从花芽中萌动而出(彩图 3-15 和彩图 3-16),此时,需增大牡丹浇水量;提高温室温度至白天约 15~25℃左右,晚上 10~15℃左右(夜间温度降至 10℃以下,花蕾会停止发育);增加湿度至 70% 左右。每天向枝条和花芽上喷水雾 2~4 次,使花芽外面的鳞片变软。目的是辅助花蕾快速从花芽中萌发出。在此阶段,如果部分花芽的鳞片仍然较硬致花蕾难以萌动,可手工剥除鳞片。盆栽牡丹生长发育所需营养大部分是消耗自身所储藏的养分,所以此期要剪除干梢和无芽的枝条,抹去脚芽,尽量减少养分消耗,以保证牡丹正常开花生长的需要。如阴天较多,光照不足,一定要人工补光。具体做法:在温室里选择不同的点,在距离地面 3 米高处,安装补光灯,黄昏时开始加光,每天加光 3 小时,光照充足,叶片才会长得鲜亮,花朵也才会发育得更好。

三、花蕾成长期

一般牡丹移进温室后的第 16 天至第 30 天。花蕾萌动后即开始迅速生长,此时夜间温度低于 10℃会导致花蕾败育,故白天温度可升高到 18~28℃,晚上降到 12~18℃;空气湿度控制在 70% 左右。此期是催花成败的关键期,对温度的忽高忽低最为敏感,要注意保持温度的相对稳定,如遇大风,要在棚架上加盖薄膜保护,如遇天气干燥且 30℃以上高温,除每天正常喷水雾 2~4 次外,中午还要注意遮阳及增加喷水雾 1~2 次。

约第 20 天后,叶片开始舒展,可每隔 3~5 天喷施叶面肥,叶背和叶面要喷施均匀(喷施叶面肥后的 3 天内不再喷水雾,以免养分流失),并加强补光,促进叶片鲜亮。同时,在盆内施用少量磷酸二氢钾或速效复合肥,以促进花蕾的发育。据基质干湿情况适量浇水。此阶段后期花蕾直径可达 2.5~3.5 厘米(彩图 3-17 和彩图 3-18)。

四、含苞待放期

一般牡丹移进温室后的第 31 天至第 38 天。进入该阶段，植株生长逐渐减缓，花蕾膨大并变得松软，随时可以开放（彩图 3-19 和彩图 3-20）。此时，不要再喷洒水雾，并应逐步降低白天温度至 15~25℃，晚上至 6~15℃；降低湿度至 50% 左右，以免湿度过大引起霉病。并增加通风帮助叶片生长，中午若气温较高可打开部分天窗，适当冷风炼苗，锻炼植株的抗逆性，通风时间的长短应根据室内温度而定，切忌在温室下方通风降温，避免冷空气直接吹到植株上，造成僵苗，影响成花率。此时适当低温也有利于叶片的舒展，达到花繁叶茂的效果。

在销售前，进一步降低白天和夜间温度，加大通风，以便适应销售期间运输及外部场所温度快速而突然地变化。

如果暂时不需要牡丹花开放，可将植株置于背光阴凉处储存，温度控制在 2~6℃之间，并每隔 2~3 天给叶片适当喷水雾，这种环境下可维持牡丹处于含苞待放的状态 20~30 天。对于已经开放的牡丹花，要注意冷库内的通风和空气的消毒，否则花蕊及子房部位会因旺盛的呼吸作用而易发霉，并波及整朵花瓣。催花的整个过程如下图所示。

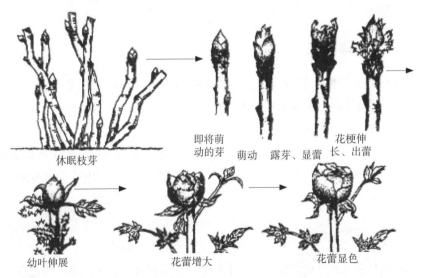

休眠枝芽　　　　即将萌动的芽　萌动　露芽、显蕾　花梗伸长、出蕾

幼叶伸展　　　　花蕾增大　　　　花蕾显色

图　牡丹植株从花芽发育到花蕾过程表现

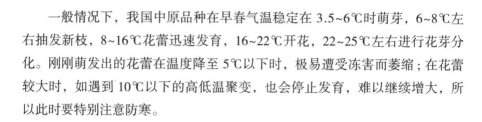

一般情况下，我国中原品种在早春气温稳定在 3.5~6℃时萌芽，6~8℃左右抽发新枝，8~16℃花蕾迅速发育，16~22℃开花，22~25℃左右进行花芽分化。刚刚萌发出的花蕾在温度降至 5℃以下时，极易遭受冻害而萎缩；在花蕾较大时，如遇到 10℃以下的高低温聚变，也会停止发育，难以继续增大，所以此时要特别注意防寒。

五、催花品种的选择

一般选择早花品种或中早花品种中成花率高、观赏效果好、直立或半开张的品种。株型以枝条紧凑、粗壮、芽体饱满，每株具 8~12 个枝的 4~6 年生壮苗为首选。

生产中常用的催花品种有："洛阳红""胡红""赵粉""富贵满堂""蓝芙蓉""肉芙蓉""红宝石""彩绘""丛中笑""藏枝红""鲁菏红""霓虹焕彩""乌龙捧盛""银红巧对""乌金耀辉""花二乔""蓝田玉""青龙卧墨池""鸡爪红""美人红""罗汉红"和"紫玉"等。

第八节　生产实践中的一些经验

一、打破休眠

牡丹催花的两个关键因素：一是花芽基本形成；二是花芽解除了休眠。牡丹花芽需要经过 0~10℃的低温 30~60 天的深休眠后，再遇到类似春天适宜环境才能萌芽、抽枝、长叶和开花。所以，在催花过程中，首先要满足这种习性的要求，先打破休眠，才能获得成功。在冬季催花前，如果低温不足，可将牡丹置于 4℃以下冷库内 4~5 周，满足花芽的低温休眠要求后再取出进行催花。

二、温度

温度是催花成功的关键，温度上升是一个缓慢有序、由低至高的过程，切忌温度骤升、骤降。

三、光照

牡丹为长日照植物，花芽在长日照中分化形成，中长日照下开花，牡丹自然开花过程的日光照时数约 10~12 小时，所以温室催花应尽可能地延长光照时间，达到 10 小时以上。特别是在初期和中期阶段，如果光照长时间不足 8 小时，则只长叶不抽蕾，花蕾将停止发育并逐渐萎缩，如果后期光照不足，不仅影响开花质量，而且还影响开花时间早晚。所以，牡丹在反季节栽培中，要注意人工补光。

另外，若室内补光光源方向比较固定，因为植物向光性的原因，盆栽牡丹的叶片和花蕾会向单一方向生长，造成株型不匀称，因此，要隔 1 周左右将花盆转动 180 度。即使阳光充足，不需补光的大棚内，也要经常转动花盆，避免叶片和花蕾会向单一方向生长。

四、生长早期的修剪

生长早期，为了避免营养竞争，让营养充分供应花蕾生长，一般将没有花蕾的枝条、没有花芽的枝条、土芽及细弱的枝条修剪掉，畸形的花蕾也修剪掉。但为了整株牡丹的美观和协调，每盆都要灵活地掌握修剪一切环节，修剪不是一成不变的。

五、去叶要求

为了不让叶子竞争太多营养，可以去除一部分叶片，一般"洛阳红"去 2~4 片叶，有些品种不需要去叶，若蕾尖长超过叶尖为正常可不去叶片。似"荷莲""赵粉""彩绘"等牡丹品种不用去叶；"香玉""白玉"等品种因叶子小而且少也不用去叶；其他的品种可去掉 3 片左右的叶子。

六、广州地区盆栽特点

在广东省、香港别特行政区和深圳市等珠三角地区，冬季自然气温与牡丹自然开花气候相当，可采用露天盆栽，或者只是简单地搭建一个塑料棚即可以达到催花的效果。

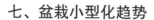

七、盆栽小型化趋势

盆栽牡丹有向株型矮小紧凑、栽培基质和花盆轻盈以及小苗盆栽和无土栽培方向发展的趋势。感兴趣的读者可选择该方向发展。

八、盆栽芍药

其方法同牡丹。只是要选择株型紧凑、茎秆粗壮、直立、长势不宜太高的品种。像"大富贵""锦带围""西施粉""粉银针""美人面""素花魁""朱砂粉""白玉冰""黄金轮""冰青""杨妃出浴""墨紫含金""紫凤朝阳""乌龙探海"和"银线绣红袍"等。

第九节　盆栽牡丹和芍药项目的特点及风险

一、盆栽牡丹和芍药周期短、见效快

从上盆到开花销售最短可以40天（彩图3-21、彩图3-22和彩图3-23）。

二、盆栽牡丹和芍药可以全年供应

盆栽化的牡丹可以随时销售，打破了裸根牡丹只能秋天销售和种植的限制，从而为牡丹的销售和市场的开拓创造了条件。

三、盆栽牡丹和芍药提高了成活率

盆栽牡丹移至大田后的成活率几乎在95%以上。而裸根牡丹即使在最佳的季节种植，也很难达到95%的成活率；更不用说在春天或者夏天种植了。

四、盆栽牡丹和芍药便于搬运

盆栽牡丹开花时，可以将其搬到公园、广场、商场等游客家门口，举办移动的牡丹、芍药花展，同时还可以销售（彩图3-24和彩图3-25）。另外，还可以满足牡丹、芍药园提前和延迟开花的需要。

五、没有风险的做法

按照"牡丹枝条半平茬"方法盆栽的牡丹可以在盆中生活多年，只是要注意根据当地市场需求控制好生产规模，不要投资生产太多，循序渐进发展。这既是一个快速、灵活、可大可小的项目，也是一个长期盈利的项目。

第四章
观赏牡丹和芍药的种苗生产

第一节　观赏牡丹和芍药品种的选择

一、选择标准

挑选观赏价值高的牡丹和芍药品种，采用嫁接、分株的方式进行繁殖，然后销售种苗或者成品苗。同时，将生产基地按照公园的方式、景观化设计和种植，在花开时节，还可供游客参观，获得一份门票收益。另外，也利于苗木的宣传和销售。

二、选择要求

除了单瓣的品种，其他品种都可以。例如：黑色的品种中无论单瓣还是重瓣的，都很受市场欢迎。

三、观赏牡丹树

有一些品种的牡丹茎秆粗壮、生长势强，生长的特别快。栽培时，可将该类牡丹基部的枝条只留一个主干，其余枝条全部去掉，在该枝条长至60~80厘米以上时开始留分支，从而形成树状牡丹。该类树状牡丹在园林市场中极为紧俏。比如："岛津""花王""皇冠""百园红霞""飞燕凌空""芳纪""绿幕迎玉""红麒麟""状元红""墨葵""大金粉""香玉""雪映桃花""天衣""春柳""曹州红""岳露"和"长寿红"等。

第二节 观赏芍药的分株繁殖

观赏芍药主要是通过分株繁殖，时间以8—10月为最佳，此时地温较高，有利于分株后小苗根系的恢复与生长，也有利于伤口的愈合、新根的萌发和增强植株的抗寒能力；南方地区最迟可到11月进行。

一、分株方法

将芍药整株挖出（彩图4-1），抖落根部附土（若土壤湿度较大，可置阴凉处晾1~2天再抖落附土，但不可置阳光下曝晒）。因为刚挖出的根比较脆，容易断，故先将苗子置阴凉处，让根失水软化3~5天，分株时要视其芽与根系的结构，顺其自然缝隙，用手掰开或者用改锥（不要用刀，因为刀面太大，会导致较大的伤口）在芽根结合部将一株大芍药分成若干小苗。分出的植株要芽、根比例协调，有利于植株复原。要确保每株小苗上至少有一个芽（彩图4-2和彩图4-3）。然后用多菌灵和生根剂将整株苗子浸泡30~40分钟后，尽快种植到大田。种植时，芽子略低于地面1~2厘米，将根周围的土捣实，最后在花芽上部盖上一个5~10厘米高的小土包（彩图4-4），小土包具有保墒和冬季保温的作用，如果土壤较为干旱，则应浇水。第二年春天花芽萌动前，再将小土包抹去一些即可。

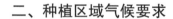

二、种植区域气候要求

1. 山东省菏泽地区 9 月下旬栽植，当年新根可长到 5 厘米以上，10 月上旬栽植的仅能长 2~4 厘米，11 月以后栽植的则不易再发新根。如果春天分株，小苗种植后来不及生新根即立刻发芽生长，只能消耗原有根上储藏的营养，会导致植株生长不良，甚至难以成活，在生产中多不采用。但在较寒冷地区春季升温缓慢，分株移植仍有应用。

2. 在内蒙古自治区、新疆维吾尔自治区等干旱而又寒冷的北方地区，可以在大田开深 10~20 厘米、宽 20 厘米以上的沟，将芍药种植在沟内（彩图 4-5），根据宽度，沟内可以种植一行，也可以种植多行。这样做的目的是：早春发出的嫩芽因为有沟的保护不易被大风吹干，同时也便于浇水时节约用水。而在福建省、浙江省等雨水较多的南方地区，则应在大田起高 20 厘米以上，宽约 50~80 厘米的垄，将芍药种植在垄上，垄上可种植一行或者多行（彩图 4-6）。但垄不要太宽，否则不利于雨水及时排出而致根腐烂，并每隔 4 米左右挖一条排水沟（彩图 4-7）。而在山东省、河北省等雨水适中的地区在平地上直接种植即可。

第三节　观赏牡丹的繁殖

牡丹的繁殖主要是通过分株和嫁接的方法。

一、牡丹的分株繁殖

牡丹分株的方法同芍药，中原地区以 9 月下旬到 10 月上旬为最佳分株繁殖时期，安徽省、浙江省等南方牡丹产区应稍晚些，而北京市由于秋季来临早则应适当提前，内蒙古自治区、河北省承德市和河北省张家口市一带则应提前至 8 月中下旬进行。春季不宜分株，在分株时间上宜早不宜晚。

挖苗时，最好用铁叉挖，如果用铁锨则容易将根铲断。因为牡丹的根系比较长，栽植前应予以适当的修剪，将过长的根剪短至 15~20 厘米即可。分株后的牡丹要保证分出的每个子株有 2~3 个萌蘖枝和一定数量的根，以保证子

株定植后能成活。分株后的牡丹必须平茬，在根茎结合部以上 3 厘米左右将枝条剪去（彩图 4-8），仅留根茎处的潜伏芽。平茬后的分株苗第二年萌枝力变强，长出更多的枝条（彩图 4-9），长势旺盛。分株苗栽植前，要将病根及老根剪去。剪下的枝条可以作为接穗进行嫁接繁殖。

分株后的小苗栽植时，两人合作。一人将苗放入坑中，并将根向四周分开使根部在坑中均匀舒展，然后轻轻提苗，将苗扶正，另一人向坑内填土，扶苗的人边填土时边轻轻向上提苗、抖苗，使细土与根紧密接触，待苗提到根茎部稍低于地平面 2 厘米左右时，要用手将苗四周的土向下压紧，边压边填，直至填满，再用木棍在苗四周捣实、压紧，捣实很关键，因为只有土壤与根系紧密接触，才能提高成活率，否则容易"吊死"或活而不旺。只要土壤不是太干，一般无须浇水，这与其他苗木需要浇定根水不同，因为牡丹是肉质根，本身含水量很高，水分多了反而容易造成烂根。在我国北方地区和南方地区及中部地区，则应根据当地雨水特点，参考芍药的种植方式即可。

二、牡丹的嫁接繁殖

牡丹嫁接方法有很多种，例如：嵌接、劈接、单芽接、地接和高空嫁接等。生产中常采用简便、易操作、成活率高的贴接和劈接。

1. 接穗的选择。选择当年生健壮、光滑且带有饱满顶芽或侧芽的枝条作为接穗，土芽萌发出来的 1~2 年生的枝条，其髓心充实，嫁接后更容易成活；过老的枝条中心组织疏松，以及呈现褐色斑纹不正常的穗条不能使用。接穗一般长约 5~10 厘米，接穗最好随采随用，不宜存放时间过长，否则造成穗条失水而影响嫁接成活率。若暂时用不完，可用湿布包好放于 4~8℃左右的冷库内、或阴凉处、或埋入湿沙中储存。如异地采穗和远途运输，应用苔藓等保湿材料进行保湿，在 5~10℃低温环境下运输。

嫁接时间最好选择在 8 月下旬至 10 月中旬之间，根据南北方温度差异，各地酌情选定嫁接时间，宜早不宜晚。嫁接期间（从嫁接当日算起 20~30 天内）日间气温在 20~25℃时最佳，伤口愈合速度最快，在此温度下伤口愈合时间一般在 20 天左右。嫁接的时令性很强，错过最佳时间，成活率大大降低。

嫁接成活率的高低，也与接穗的品种有关，大部分品种嫁接后成活率都很高，但仍有部分品种，像"海皇""爱丽丝""金至"等木质化比较轻的品种，嫁接后成活率较低。

2. 砧木的选择。常用的砧木有两种，一种是牡丹的根，另一种是芍药的根。砧木要求健壮、无病虫害，粗度（直径）在 1 厘米以上，长度不低于 20 厘米。芍药根木质化轻、根软，便于操作。砧根年龄对嫁接成活率有明显影响，一般选择 2~3 年生的根作为砧根。其方法是选取 2~3 年生健壮、无病菌、表面光滑的实生苗，除去泥土，剪除多余的枝条（如果采用的是芍药，则应去掉芍药芽），用 75% 的甲基托布津 800 倍液浸泡 5 分钟进行消毒杀菌。然后，置于阴凉处晾（切忌阳光曝晒）2~3 天，待砧木失水变软后进行嫁接。晾软后的砧木切口有韧性，不易脆裂，便于操作。

3. 嫁接方法。工具为锋利的专用嫁接刀、麻绳或可降解的胶布、掺有杀菌剂的泥巴或低温石蜡。

（1）贴接法：又叫斜接，如图 4-1 所示。嫁接前将接穗在含有多菌灵和生根剂的溶液中浸泡 30 分钟（彩图 4-10），选择的砧木要比接穗粗一些，然后用嫁接刀将砧木的上端和接穗的下端分别削出对应的斜面，然后将接穗镶嵌在根一侧的切口上，注意对准形成层，用麻绳或可降解的胶布将接口处自下而上缠紧（彩图 4-11、彩图 4-12 和彩图 4-13 为生产时嫁接场景），糊上杀菌液配制的泥巴（低温石蜡）保护接口处不被感染和失水。

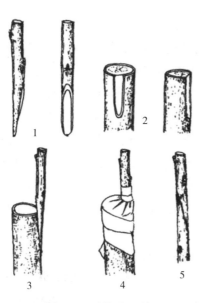

图 4-1 贴接法示意
1.穗的切法 2.砧木的切法 3.贴接
4.绑扎 5.侧视图

（2）劈接法，如图 4-2 所示：先在接穗基部两侧削出长约 2~3 厘米的楔形斜面（上厚下薄的楔形），再将砧木上端削平，从中间用刀切开（彩图 4-15），切口长度略长于接穗削面，然后将接穗自上而下插入切口中（彩图 4-16），注

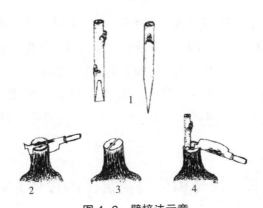

图 4-2 劈接法示意
1.将接穗两侧削出楔形斜面　2.—3.将砧木用刀从中间切开
4.对准形成层,将接穗插入

意对准形成层,用麻绳或者可降解的塑料带缠紧（彩图 4-17）,接口处涂以泥浆或液体石蜡,即可栽植或假植于潮湿的细沙或者土壤中（彩图 4-18 和彩图 4-19）。

如若将刚刚嫁接的牡丹苗直接栽植到地里面,遇到雨水天气,水可能会浸入到嫁接的伤口处,导致伤口感染腐烂,从而降低成活率。生产中一般先将嫁接苗假植到苗床上,等伤口完全愈合后再移栽到大田。具体做法为:搭设高约 2 米的拱棚架,上面铺上薄膜遮挡雨水,同时在大棚两端留一通风口,保持棚内空气流通;苗床上铺约 30 厘米厚的松软的泥沙作为基质（基质内不宜有土块,否则不能较好的包埋嫁接苗）,在嫁接前一个星期将苗床喷水浇透,以基质湿透不积水为准,使苗床保持较好的墒情;然后将嫁接好的苗子假植到苗床内,注意苗子要被泥沙完全包埋,在假植期间严禁苗床进水。如果嫁接季节较晚,气温转凉,则可假植在温室内,利用温室内的高温快速愈合。一般假植 20~30 天后,挑选伤口愈合较好的种植到大田,愈合好的花芽一般都会轻度的萌动（彩图 4-20）。在苗床上假植的时间不宜过长,也不可过短。过长,愈合好的花芽徒长造成营养不良;过短,伤口未愈合。过长和过短都会影响到嫁接苗移栽到大田后的成活率。

4.嫁接小苗的栽植。为节约土地和便于管理,当年嫁接小苗一般适当密植,行距不低于 30 厘米,株距不低于 20 厘米。栽植前如果土壤较干,先浇

水调节墒情并把地耙平，用开沟机或铁锹开出一条深 30 厘米的种植沟（彩图 4-21），然后把嫁接苗放入沟内，深浅以嫁接苗的刀口低于地面 3~5 厘米为宜。然后填土、压实，上面用土将接穗全部封住，并高出接穗顶端约 5~10 厘米（彩图 4-22），起到保墒和冬季保温的作用，种植后为避免伤口感染，不可以再浇水，否则容易大面积死亡。第二年春天花芽萌动前，再将小土包抹去一些即可。

第四节　牡丹和芍药观赏苗的投资和效益

一、牡丹投入部分

以 1 亩地种植 10 000 株嫁接苗为例进行说明。

1. 接穗。1.0 元 / 个，计 10 000 元。

2. 砧木。0.8 元 / 个，计 8 000 元。

3. 人工及材料费。0.3 元 / 棵，计 3 000 元。

第一年 9 月至第二年 8 月的土地租金：约 1 500 元 / 年。当年 9—10 月种植费：约 1 500 元。

第二年的养护及水肥费用：约 700 元 / 年。

第二年 9—10 月将苗子平茬费用：约 1 000 元（平茬后可以获得 7 000 个左右接穗，同时第二年每株苗子可以长出 2~3 个枝条）。

第三年的养护及水肥费用：约 700 元 / 年。第三年 9—10 月将苗子刨出的费用：2 000 元。

第二年 9 月至第三年 10 月土地租金：约 1 800 元 / 年。

4. 种植期不可预见费用。约 2 000 元。

5. 种植期投入总计。约 31 500 元。

备注：刚开始启动该项目时很多材料都需要购买，费用较高。启动后结合平茬、分株，撒播种子长大后做砧木等，可以不用再购买接穗和砧木，费用会逐步降低。

二、牡丹收入部分

10 000 株嫁接的牡丹，从种植到刨出一般历经 22~26 个月时间，一般平均每株有 2~3 个枝条，80% 的苗子可以达到商品苗。

嫁接 22 个月后的牡丹观赏苗，市场价一般不低于 8 元 / 株，按每亩出成品苗 8 000 株计算，收入约 64 000 元。

8 000 个接穗按照 0.5 元 / 个销售后，收入约 4 000 元。两年的总收入约 68 000 元。

去除成本后纯收益约 36 500 元（从投入到销售为 22~26 个月的时间）。

每年纯收入约约 18 250 元。

如果观赏苗暂时销售不出去，可以让牡丹继续生长，慢慢销售，牡丹越长越大，枝条越长越多，价格都会跟着上涨。同时，还可以剪取接穗进行嫁接。

生产实践中的一些经验和做法。

1. 嫁接苗种植后 1 年时，也可以将其刨出销售，价格一般最低为 5 元 / 株。

2. 嫁接苗种植后 1 年时，将其刨出，平茬，枝条作为接穗进行嫁接。小苗按照 40 厘米 × 50 厘米的株行距定植，定植当年春天一般每株可以长出 2~3 个枝条，到秋天 9 月时，再次平茬，平茬后的枝条再作为接穗进行嫁接；定植后第二年春天一般每株可以长出 4~10 个枝条，定植后第二年秋天不再平茬；第三年秋天枝条高度一般在 15~40 厘米，此时便可作为成苗销售，最低价格一般为 25~35 元 / 株。

三、芍药投入部分

按照如下种植方式进行核算。

第一年 9 月期间，按照株行距 40 厘米 × 30 厘米种植，每亩种植数量 5 500 株。

第二年 9 月，隔一行刨出一行进行销售。第三年全部刨出销售。

芍药种苗费：5 元 / 株，种植 5 500 株，计 27 500 元。第一年 9 月至第二年 8 月土地租金约 1 500 元 / 年。当年 9—10 月种植费约为 1 500 元。

第二年养护及水肥费用约 700 元 / 年。

第二年 9—10 月将苗子隔一行刨出一行的费用约为 1 000 元。第三年养护及水肥费用约约 700 元 / 年。

第二年 9 月至第三年 10 月土地租金约 1 700 元 / 年。第三年 9—10 月将剩余苗子刨出的费用约 1 000 元。种植期内不可预见费用约 2 000 元。

种植期内投入总计约 38 100 元。

四、芍药收入部分

第二年 9—10 月将苗子隔一行刨出一行的销售收入约 7 元 / 株，刨出 2 250 株，计 15 750 元。

第三年 9—10 月将剩余苗子全部刨出销售约 14 元 / 株，刨出 2 250 株，合计 31 500 元。

总收入约 42 750 元。

去除成本后纯收益约 9 150 元。折合每年纯收入约 4 575 元 / 年。

如果暂时销售不出去，可以让芍药继续生长，将营销时间拉长，慢慢销售。当芍药越长越大时，价格也跟着上涨。同时，每年春天芍药开花前，还可以进行切花销售（详见第二章内容），最后刨出销售时，部分根还可以作为药材销售。也可以在第三年将剩余的芍药刨出，然后一株分成 3~5 株小苗，扩大种植规模。

第五节　观赏牡丹和芍药种苗项目的特点及风险

一、周期短、见效快

当年投资种植，10~12 个月后即可销售获利。

二、集观赏和生产于一体

种植时按照公园式景观化种植，既是生产基地，也是旅游观光园区。

三、收入项目多

可以销售种苗、大苗、切花和药材；同时，还可以销售门票，供游客观赏。

四、自我繁殖复制

一次投资后，后期不用再购买种苗。例如：芍药小苗种植 4~6 年后，将其刨出，1 株大苗可分株成 4~8 株小苗，然后再种下去，即种植 1 亩小苗 4~6 年后，将可以繁殖成 4~8 亩。

五、风险预防

首先，根据当地市场大小，循序渐进发展，不可一开始就种植太多。可以先从几亩、几十亩开始种植。并同时做好旅游观光的准备，如果周边人口较多，旅游收入也将非常可观（旅游收入请参见第一章牡丹和芍药观赏园内容）。

其次，虫害防治，主要是蛴螬的危害，蛴螬咬食牡丹和芍药的根。防治方法为：每年初春可用 1 000 倍 50% 辛硫磷稀释液灌根防治，也可结合浇水将药液施入土壤中进行防治。

第五章
油用牡丹和芍药的种植

　　选择荒山、荒坡、林下或退耕还林地块，大面积种植结种子的牡丹、芍药，秋天采其种子，销售给榨油厂。如果周边人口较多，春天开花时还可以销售门票供游客观赏。牡丹和芍药可生长百年以上，一次种植，多代受益。

　　油用牡丹和芍药的种植有两种思路。

　　一种是以退耕还林、荒山荒坡绿化、林下经济为主，以收取种子为辅。即首先要的是生态效益和环境效益，其次才是经济效益。在这种情况下，对牡丹和芍药一般进行粗放管理，种子能收多少是多少，这种模式没有压力和风险。

　　另外一种就是以油用牡丹的种子及产量为盈利目的，即为了多收取种子，获得种子收益。这种情况就需要选择良田、水肥充足、精心养护和管理，但是在目前还没有优良油用牡丹品种培育出来的情况下，很难获得较好的收益，具有一定的风险。

第一节　油用牡丹和芍药品种的选择

一、品种现状

目前，油用牡丹品种的现状是"有品种无良种"，生产上推广的油用牡丹"凤丹"和"紫斑"牡丹系列，并非良种，而人们在生产中发现的易结实的一系列牡丹品种，其品种多而杂，性状不稳定，结实量差异大。例如：凤丹系列中就有"凤丹白"（彩图5-1）、"凤丹粉"（彩图5-2）、"凤丹紫"（彩图5-3）、"凤丹玉"（彩图5-4）、"凤白荷"（彩图5-5）、"凤粉荷"（彩图5-6）、"凤丹星"（彩图5-7）和"凤丹韵"（彩图5-8）等品种。油用紫斑牡丹种群中以"冰山雪莲""书生捧墨""黄河""冰心粉莲""北极光""众星捧月""灰鹤""日月同辉""一点墨""玉龙杯""雪海银针""蓝荷"和"友谊"等结实率较高。但是，紫斑牡丹品种没有形成规模化繁殖，单个品种目前尚不能形成10万株的供货能力，目前消费者采购到的大都是混合在一起的紫斑杂种。

二、种植现状

鉴于目前情况，北方寒冷地区以紫斑牡丹系列结籽的杂种杂乱种植为主，中原及南方地区以凤丹牡丹系列杂乱种植为主；油用芍药也是这样，目前以结实率最高的"杭芍"（种生芍药）杂种杂乱种植为主。

种植方式上大多参照药用牡丹或观赏牡丹的种植方式进行种植，目前尚没有摸索出油用牡丹特有的高产种植方式。

第二节　油用牡丹和芍药种植地区的选择

凤丹牡丹主要产区是安徽省亳州市和铜陵市、山东省菏泽市、河南省洛阳市和山西省绛县等地区；紫斑牡丹主要产区是甘肃省榆中市、临洮市、漳县等地区；油用芍药的主要产区是山东省菏泽市、山西省运城市和安徽省亳州市等地区。

一、凤丹牡丹种植条件

凤丹牡丹种植的温度范围为：冬天最低气温不低于 –20℃，且冬天在 8℃以下的低温不少于 30 天（以便有足够的低温形成花芽）。在一些冬季温度低于 –20℃的地区，也有种植凤丹牡丹成活的情况，但往往是冬天枝条会冻伤或者冻死，但其根冻不死，第二年春天会从根上重新发出新的枝条，这些新发出的枝条有的开花，但大部分不开花，整体上形不成产量。

二、紫斑牡丹种植条件

紫斑牡丹不耐高温、高湿，在河南省洛阳市、山东省菏泽市及其以南平原地区，因为夏天气温较高，紫斑牡丹较难成活，即使成活，也难以形成产量。相反，紫斑牡丹比较耐低温，在 –35℃也可以存活，但仍然建议不要在 –30℃以下的地区种植。另外，成活后的紫斑牡丹有很强的耐旱性，更适合于北方地区种植。

三、油用芍药种植条件

油用芍药"杭芍"则可以在 –40~40℃的范围内生长，并能形成有效产量。对低温适应范围广，例如 2016 年冬季哈尔滨地区温度降至 –45℃的低温，2017 年春天时该品种的芍药仍能正常发芽生长，可见其耐寒能力极强。

第三节　油用牡丹和芍药苗龄的选择

苗木挖起后，剔除弱苗、病苗。对健康的苗木进行大、小苗分级，将大、小苗分开种植，同一田块的苗木规格要大体相同，规格不一的苗木混栽后小苗不易生长，不利于移植后牡丹的生长和田间管理。

一、苗木选择标准

一般选择播种后生长 2~3 年的壮苗，根的粗度不低于 0.8 厘米。1 年苗太小，不耐寒、不耐旱、不耐储运、不耐草害（彩图 5-9）。4 年及以上的苗生

新根能力差，平茬后形成新枝条的能力也较差。种植前用福美双（或者多菌灵＋生根剂）800 倍液浸泡牡丹根部 30~40 分钟（彩图 5-10 和彩图 5-11）。

二、北方地区选择要点

北方地区冬季温度低，秋天时间短，国庆节过后很快进入冬季，故生根周期短，根的生长量小，应种植 3 年生的大苗较好。3 年生苗肉质根较多，耐寒、抗旱性强，容易越冬，种植后次年苗生长的壮。另外，在北方地区种植时，最好全根种植，不要断根种植（断根种植是指在南方地区，为了让根上生出更多的新根，把原来的根剪短至 10 厘米左右后再种）。并且在北方地区种植后，最好立即平茬（见第五章第七节油用牡丹和芍药种植方法部分），因为平茬后长出的新芽及新枝条更适应北方地区多风及寒冷的气候。

三、南方地区选择要点

在南方地区则建议种植 2 年生苗，因为南方地区秋、冬季气温较高，特别是秋季较长，根的生长量大，春天发芽前能生出大量新根，这些新根比自身老根更能适合南方地区潮湿的土壤。

第四节　油用牡丹和芍药种植季节

一、种植的适宜时间

一般在 8—11 月种植。因为我国幅员辽阔，地形复杂，每个地方的最佳种植季节一定要根据当地的实际情况选定，比如海拔、降雨季节、降雨量等。一般来讲，内蒙古自治区赤峰市、甘肃省兰州市、新疆维吾尔自治区乌鲁木齐市、山西省北部、河北省北部和辽宁省沈阳市一带在 8 月种植完毕；北京市、石家庄市、太原市、郑州市和西安市一带 9 月种植较佳；南京市、武汉市、重庆市、昆明市和丽江市一带 10 月种植较佳。

二、种植时的气温参考

各个地方可以根据牡丹根的生长特点选定最佳的种植日期。一般来讲，当春季地下 5 厘米处土温达到 4~5℃时，根部开始生长，夏季 26℃以上时生长处于暂时休眠状态，秋季 18~23℃时，根系生长最快，约占全年生长量的 80%，冬季地温降到 4℃以下逐渐停止生长。所以在种植后如果能有 30 天左右的时间，平均气温在 20℃左右，牡丹的根便有充足的时间和温度生出足够多和足够长的新根。据此，便可以倒推种植的最晚日期，然后在此日子之前种完即可。适时种植的牡丹，不但成活率高，而且第二年没有"缓苗期"，即进入丰产期早，等于夺回一到二年的时间。

第五节　油用牡丹和芍药用地的选择非常重要

一、关系到油用牡丹发展的成败

首先，要选择即能存活，又能开花结籽的地区和环境。因为有的地方牡丹生长没有问题，甚至长得很好，但是不开花或者很少开花。比如：太靠近南方的地区，冬天低温不够，形不成花芽，导致春天不开花；而在 -30℃的北方地区，冬天低温会将花芽，甚至连同枝条一起冻死，亦会导致春天不开花（根不会冻死，春天会从根上重新发出新的枝条，但很少开花）。所以，不同于药用牡丹的生长范围，油用牡丹的生长范围相对要小些，因为药用牡丹要的是根，只要能够存活就行，开不开花没有关系；而油用牡丹要的是种子，牡丹不但要存活，而且必须能够开花结籽才行。

其次，油用牡丹的收益不是很高，一般不要用良田种植，而应选用土地租金比较低的荒山、荒坡（彩图 5-12）、林下（核桃树、柿子树、橘子树、枣树、板栗树、银杏、国槐、杨树和枣树等）（彩图 5-13）、非良田（农作物生长不好的地块）、无法规模耕种的地块（沟渠、道路两侧），以期降低土地成本（因为长期来看，油用牡丹的主要成本是土地租金）。另外，在上述地块种植的牡丹籽产量虽然不如在良田高，但是因为这些地方较难种植粮食作物（即使粮

食作物能生长，粮食产量也很低），而且还要年年耕作，对地表土壤、植被破坏较大，而油用牡丹具有很好的防止水土流失的能力，同时又保护和美化了环境，再加上种植后可活上百年，不管每年收获多少种子，也不管种子价格下滑到什么地步，因为土地成本低，具有长期优势。

再者，油用牡丹1年只能收获1次，而很多良田种植粮食、蔬菜等可以收获2~3茬，综合下来的收入比牡丹高。还有，目前牡丹种子价格在10~15元/500克左右，但价格有逐年下滑的趋势，不像粮食价格那么稳定，一旦牡丹种子价格下滑至5~6元/500克，在良田种植油用牡丹的收益将会更低。但是，如果培育油用牡丹苗，最好用良田，其原因一是良田出苗率高；二是第2~3年即可把苗子挖出销售，不会长期占用良田。

二、用地土质十分关键

关于种植的土壤，例如：沙土、沙石土（含土量不低于30%，如彩图5-14和彩图5-15为在沙石地种植的当年牡丹苗）、黏土、红土、黑土均可种植，以疏松透气、排水良好的沙质土壤为好。土层厚度不低于30厘米，适宜pH值为6.0~7.5之间最佳（极端pH值在5.0~8.0），土壤含盐量不可过高，含盐量超过千分之三的地块最好不要种植；生存温度–30~40℃（凤丹牡丹品种生存温度–20~40℃）。牡丹虽然较耐旱，但年降水量应不少于300毫升。

经常积水的地块，不可以种植。虽然不积水，但是在雨水较多、土壤中水饱和度比较高的地方要起垄种植，垄的高度最好高出地平面，而且不低于30厘米（彩图5-16），并每隔4~6米挖一条排水沟，以便雨水及土壤中渗出的水能够及时排出。

第六节　油用牡丹和芍药种植前土地的准备

一、整地

土地一定要提前整理，不可现整现栽，至少提前1个月将地整好。标准的程序是：在7—8月，天气比较炎热的时候，将地用单铧犁或者旋耕犁深翻

30~40 厘米晾晒，约 20 天后再翻一遍晾晒（彩图 5-17）。其目的：一是让土壤照晒阳光后增加活力；二是杀死土壤中的部分病虫害。在种植前，每亩施用 150~200 千克饼肥或 1 000~1 500 千克腐熟的厩肥，再加 40~50 千克复合肥作为底肥。

二、土壤杀菌消毒

在整理土地时，每亩施入 10~15 千克的辛硫磷颗粒剂和 4~5 千克的多菌灵粉剂做为土壤杀虫杀菌剂。然后调节土地墒情（如果土壤较旱，就适当浇水），耙平，即可种植。在北方地区，比较干旱或者浇不上水的地方，在种植时使用抗旱保水剂可以明显提高成活率。

第七节　油用牡丹和芍药种植方法

根据地形不同，种植方法各异。但无论何种方法都是为了实现以下目标。第一，便于日后最省钱、最快速的除草；第二，利于长期产量的提高。在平地一般采用的种植方式有以下 3 种。

一、固定的株行距

株行距 30 厘米 × 70 厘米（或者 25 厘米 × 80 厘米），如种植的是 2 年生苗，每穴种植 2 株；如种植的是 3 年生苗，每穴种植一株，种植后立即平茬，上面封一个 5~10 厘米的小土丘。这样便于行距中间用一个轮的微耕机除草。

二、种植一段时间后株行距变化

为了有效利用土地，也可株行距为 25 厘米 × 40 厘米，种植后立即平茬。种植后的第 2 个完整年（约种植后的第 22 至第 25 个月），隔一行刨一行，移除苗可用作新建油用牡丹园；也可作砧木嫁接观赏牡丹；亦可作药材销售。余下的苗作为油用牡丹继续管理。该种植方式一般覆盖优质防草膜除草（该膜一般可用 2 年），刨出一行苗子后，再用一个轮的微耕机除草即可。

三、宽窄行种植方式

宽行距一般为 70~90 厘米，便于套种和除草作业等，窄行距一般为 30 厘米；株距一般为 30 厘米。种植 2 年生苗，种后立即平茬。窄行距间用防草膜覆盖防草，宽行距间用一个轮的微耕机除草（彩图 5-18）。

栽植时，每行苗子尽可能栽直（按照行距、株距尺寸，先用绳子，或米尺标出，然后用白石灰撒出种植线，或者种植点后再种植），以便于除草等管理。栽植前，将根部剪去 1~2 厘米，露出新茬，便于生新根。然后将生根剂和多菌灵按说明书配在一起（配制在一起），将牡丹根部浸于其中 30~40 分钟后种植（芍药整株浸泡于药液中即可）。如果栽植的是 2 年生苗，用铁锹插入地面，另开一个宽度为 5~10 厘米、深度为 20~30 厘米的缝隙，在缝隙两端各放入一株小苗，栽植深度以根、茎交接处低于地面 2~3 厘米为宜，种植过深，地温低，生新根慢，苗子后期生长不旺；种植过浅，平茬后根茎结合部不易萌发出更多的新枝，后期不易丰产。种植时一定要使根系舒展，过长的根予以剪短，以便生出更多的根，栽植坑的大小以根能伸展为度。然后踩实，使根和土紧密结合（一定要把土踩实。否则冬天不耐冻，而且不易生出新根）。

栽植后在地平面以上 1 厘米左右位置将枝条剪去，即对枝条进行平茬，目的是让根茎结合部生出更多的芽，并第二年萌发形成更多的枝条（彩图5-19），易于日后的丰产。部分 2 年苗的枝条较短，可以把顶芽去掉即可达到平茬的效果。越靠近北方地区，越要平茬，因为平茬后长出的新芽及新枝条更适应北方多风及寒冷的气候。

栽植后按行封成高 10~20 厘米的土埂，以利保温保湿，及促进新芽的发育。如果土壤较为干旱，最好浇一次定根水，喷灌、漫灌以及滴灌均可。

四、种植时的经验总结

1. 种植 4 个枝条以上的大牡丹时，先根据苗子大小挖好足够大的坑，在坑中央放些土拢成高起的小土墩，使根分散在土墩的四周，意即让牡丹坐在土墩上，把根在土墩四周理顺，然后放土，一边放土一边用粗的木棍捣实，以便让根与土壤充分结合（彩图 5-20），如果根不能与土壤紧密结合，不易生出新

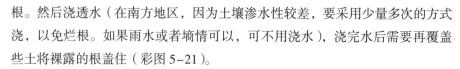

根。然后浇透水（在南方地区，因为土壤渗水性较差，要采用少量多次的方式浇，以免烂根。如果雨水或者墒情可以，可不用浇水），浇完水后需要再覆盖些土将裸露的根盖住（彩图 5-21）。

2. 对于第一次种植牡丹的人而言，往往种植的较浅，一个原因是认识不够，另一个原因是可能是为了省力气。种植过浅会导致生不好根、冬天苗子容易干枯、甚至死亡、来年春天不易生出更多的分支。

3. 第一次种植牡丹时，往往浇水也较少，特别是在北方地区，导致苗子来年生长不旺、甚至在中午阳光强烈的时候出现茎叶萎蔫、早晚茎叶又直立起来的状况。一个原因是在种植以前接受的宣传和教育都是牡丹耐旱、怕涝。但是耐旱是指的牡丹种植成活且生长至少一年后才耐旱，因为这时牡丹已经生出足够多的毛细根，而且其肉质根也发育的较为粗壮，储存了较多的营养和水分。怕涝指的是积水不能超过 3 天，当天浇的大水，24 小时内积水能够消失是没有问题的。

4. 在平地大面积种植时可以采用半机械化或者全机械化种植。半机械化就是用开沟机开好沟（彩图 5-22），然后人工放苗和埋土（彩图 5-23）；全机械化种植就是用种植机开沟、埋土一气呵成（彩图 5-24）。

5. 浸泡药物时，应提前准备好大盆或者桶。或者在地头挖土坑，坑里面铺上 2~3 层塑料布，等苗子到达后，放上生根剂和多菌灵（按说明书上浓度配置），对上水，就可以浸泡苗子了。对于牡丹可以只浸泡根部（2 年苗较小，可以将全株浸泡在药液中），对于芍药全部放到药液中浸泡即可，时间 30~40 分钟。药液少了后，再加水，同时加上对应量的药物。

6. 苗子到达前，提前挖好种植坑，以便苗子到达后迅速种下去，减少苗子在外面暴露的时间。根据苗子大小，一般 5 个枝条以上的牡丹可以先按照"长 × 宽 × 深"=30 厘米 × 30 厘米 × 30 厘米挖坑；5 个芽以上的芍药可以先按照"长 × 宽 × 深"=20 厘米 × 20 厘米 × 20 厘米挖坑，等苗子种植时再调整大小。油用牡丹苗因为较小，可以现种植现挖坑。

7. 人员安排要到位。根据种植的苗子数量，确定用工总数，并将人员分工。分为苗子浸药组（2 人一组），苗子运送组（2 人一组），种植组（2 人一组组合种植，一人刨坑，一人放苗子；按照每组每天可以种植 300 棵大苗，

1 000 棵 2~3 年生的小苗计算种植的工人数量）。

8. 一般储存在室内的苗子要在 8 天内种完，储存在室外的苗子要在 3 天内种完。

9. 南方地区土壤湿度大、冬季温度高，生根周期长，根的生长量大。种植时，适当起垄并断根种植，这样生出的新根更适合南方地区的土壤，而且起垄和断根的措施在一定程度避免了根腐病的发生。

10. 北方地区土壤干旱、冬季温度低，生根周期短，根的生长量小。最好种植 3 年生苗，并不要断根种植。越靠近北方地区越要平茬，目的是让新生出的枝条适应北风寒冷多风的气候。

第八节　油用牡丹和芍药除草方式

在种植之前一定要根据地形、计划采用的除草方式来确定种植的株行距，这点非常重要，关系到油用牡丹发展的成败。否则，只能靠人工除草，如果人工除草，1 天约锄半亩地，1 年约锄 4 遍，按照日工 60 元 1 天计算，大约需要 480 元人工费，南方地区可能花费更多。作者曾经见到很多做房地产、煤矿的大老板转型种植油用牡丹，土地租金和苗子成本都没有压倒他们，最后因为控制不住杂草，而放弃了。油用牡丹从第 4 年或第 5 年起，除草费用会逐步降低。常用的高效除草方式有如下几种。

一、机械除草

各种类型的微耕机、除草专用锄具等（彩图 5-25 和彩图 5-26）。这就需要在种植之初，根据微耕机的宽度，设定好行距，以便微耕机能够在行间顺利通过。采用上述机械，一般 1 个工人 1 天可以锄 3~5 亩，每年的锄草成本控制在每亩约 120 元左右。

二、防草布

用塑料扁丝编制而成，其特性如下。

（1）耐腐蚀。在不同酸碱度的泥土及水中能长久地耐腐蚀。

（2）透水透气性好。在扁丝间有空隙，能及时排除地面积水、保持地面清洁。

（3）防止杂草。地布可以阻止阳光对地面的直接照射（特别是黑色地布），同时利用地布本身坚固的结构阻止杂草穿过地布，从而保证了地布对杂草生长的抑制作用，质量好的防草布可以使用3年。颜色主要是黑色、绿色为主（彩图5-27）。

三、防草地膜

一般选用黑色优质地膜（彩图5-28），质量差的地膜6~10个月后便会破烂，浪费铺设地膜的人工。不如选择质量较好的优质地膜，一般可以使用18~30个月。透气反光除草膜是一种新型地膜，地膜上的小孔具有透气功能，最主要的是它能有效隔绝杂草生长所需要的阳光，使杂草因缺乏阳光而死亡。反光膜的反光能有效增强光合作用、减少病虫害。铺盖反光膜的地块虫害发生情况明显低于普通地膜和无地膜覆盖的地块。透气反光膜一般可用2~3年。

四、畜禽除草

利用羊、鹅吃草。因为牡丹、芍药的叶子有药材的味道，鹅、羊等一般不吃，所以可在牡丹田间散养鹅、羊吃草（彩图5-29和彩图5-30），同时鹅、羊的粪便也增加了肥力。秋天还可将鹅、羊卖掉获得一份额外收益。

五、化学药物防治

对于牡丹大田而言，无论什么样的化学药物，最好是在牡丹花芽萌动前，或者花开放后再喷施，并且喷施时一定要给喷头带上罩，贴着地面喷施。

（1）比较安全的杀除2~6个叶片以下的禾本科杂草（尖叶）的除草剂有：圃草肃锄、精喹禾灵、精禾草克、拿捕净和拿合。

（2）比较安全的封闭类药物。封立洁（1次施药封闭3~5个月，加量施药封闭5~8个月）；拔绿（根据药物浓度大小封闭期约3~6个月）。作为封闭类药物，一定要在种子发芽前喷施。在种子发芽前喷施是防草，是主动除草，可控制80%；如果发芽后再喷封闭，属于治草，是被动除草，可控制15%。

（3）兼具封闭作用和杀死 3~5 叶以下禾本科和阔叶小草作用的药物。圃洁：苗子茎叶触杀型除草剂，既能杀灭已出土的杂草，又兼具良好的土壤封闭作用；禾阔双杀。无内吸传导性，对根系安全。

（4）联合使用的药物有：封立洁＋圃草肃锄。封立洁封闭未出土的杂草种子，圃草肃锄杀灭 3 叶以下的禾本科及阔叶类杂草，1 次施药，土壤封闭期可达 3~5 个月，加量使用，土壤封闭期可达 5~8 个月。对苗木安全，尤其适用于牡丹田、小苗田、扦插苗等育苗基地。

（5）特别注意。乙草胺、百草枯等烈性除草剂必须确保不可喷施到牡丹上才可以。草甘膦杜绝施用，喷施草甘膦后，当年看不出对牡丹的影响，但其成分可渗入土壤中，被根系吸收后，第 2 年至第 3 年仍可对牡丹产生影响，最主要的影响是叶片卷曲、花蕾败育。

一般情况下，内吸性除草剂在傍晚用药效果佳，触杀性除草剂在晴天上午用药效果好。

在南方地区，因为冬季不太寒冷，很多杂草仍能生长，但是属于一年中生长最为弱势的时期，故南方地区的灭草工作应在 11—12 月就要开始采取上述措施。

第九节　油用牡丹和芍药的施肥和病虫害防治

一、追肥

牡丹以施用磷钾肥为主，施用太多氮肥会导致枝条徒长。牡丹栽植后第一年，因为新根不是太多，老根吸收能力差，一般不追肥。第二年开始，每年追肥 2 次。第一次在春分前后，每亩施用 40~50 千克复合肥；第二次在入冬前，每亩施用 150~200 千克饼肥，40~50 千克复合肥。但因为人工费较高，提倡 1 次施肥原则：即 8—10 月施 1 次肥，方法有：在行间用小耧将复合肥施入（或者在下雨前，将复合肥均匀的撒到地面），或者将豆饼肥撒到地面，以后除草或者浇水时让其慢慢释放。叶面施肥：可在牡丹发芽后第 20 天至开花前喷施叶面肥或 400 倍的磷酸二氢钾增强叶面营养，可每隔 7~9 天喷肥 1 次。花后为应对高温天气，增强植株的抗逆性，也要适当地喷施叶面肥。

二、病虫害防治

地上病害主要是叶部疾病，常见的有褐斑病、灰霉病、叶霉病和立枯病。病菌一般在2—4月侵入叶部，5—8月发病，高温、高湿是牡丹叶部病害发生的重要条件。叶部疾病以预防为主，真正发病后较难控制。预防的药物和措施有：从牡丹发芽到开花后的20天内，用多菌灵500倍液喷施。另外，选用百菌清600~800倍液、石硫合剂、波尔多液、代森锌液等也可以。同70%甲基托布津600~800倍液一起喷洒叶面和地面，每隔15天左右喷施1次，严重情况下至少3次，喷施时也可以加入尿素和磷酸二氢钾，加强叶片营养，增强抗病能力。地下害虫主要是蛴螬、根结线虫和根腐病，防治措施见第五章第九节油用牡丹、芍药的施肥和病虫害防治内容。

三、浇水

牡丹为肉质根，不耐水湿，应保证排水疏通，避免积水，不宜经常浇水，但较干旱时仍需适量浇水。特别是种植后的24个月内，苗子抗旱能力较差，要确保干旱时立即浇水；24个月后，植株生出了足够多的新根，才真正具备耐旱的能力。

四、清除落叶

10月下旬叶片干枯后，及时清扫落叶，并集中烧毁或深埋，以减少来年病虫害的发生。但是如果大面积种植，落叶很难清理，一般任其在田间自然腐烂。

第十节　油用牡丹田间套种和立体种植

无论种植2年苗，还是3年苗，一般从种植时开始计算，3年后才能见到效益。为了在3年内也能有所收益，解决"脖子长"的问题，可在牡丹田间因地制宜的进行间作套种和立体种植。

一、套种作物选择的原则

1. 应尽量避开匍匐型生长的作物，如地瓜（有的地方称红薯、白薯等）、沙苑子、红花等，以直立的作物为最好。

2. 应尽量避开易发生根结线虫病的作物（例如马铃薯、番茄、白萝卜、大豆和菠菜等）。

3. 所选套种作物的旺盛生长期应尽量避开牡丹的旺盛生长期，像小麦、油菜都不可以。以便合理调配它们之间的营养时空关系。

4. 推荐的套种作物。芝麻（彩图 5-31）、向日葵（彩图 5-32）、花生、台湾矮大豆（彩图 5-33）、辣椒、甜叶菊、玉米（彩图 5-34）、高粱、谷子（彩图 5-35）等。

5. 推荐的套种药材。白术、丹参、贝母、生地、知母、天南星、芍药、党参、板蓝根、菊花、桔梗、射干、紫苑、黄芩、半夏、王不留行、地黄、天门冬、牛膝、三七和薏苡仁。

6. 推荐的套种蔬菜。大蒜、马铃薯、朝天椒、大葱、洋葱、菠菜、白菜和萝卜等。

另外，如果公司租赁土地，并雇人种植的情况，因为人工比较贵，应选择管理轻松的作物进行套种，比如玉米、高粱、芝麻和萝卜等。或者种植后需要多年生的作物进行套种，从而减轻劳动强度，节约成本。

【套种实例】

⊙ 春天种马铃薯，秋天种大白菜或胡萝卜。2 月底 3 月初播种马铃薯，隔一行种一行，马铃薯株距 20 厘米，每亩密度 3 500 株左右，通风透光。约 6 月收获，一般亩产 2 000 千克，按照每千克 2 元，毛收入 4 000 元，除去种芽费 400 元，追肥 200 元，农药 50 元，种植、人工费 1 000 元外，亩纯收入 2 050 元。秋后种大白菜或萝卜，株距 40 厘米，此时油用牡丹叶子已部分开始枯萎，处于半休眠状态，约 11 月收获，亩产约 1 500 千克，毛收入约 1 500 元，大白菜成本低，纯收入至少 1 000 元。

⊙ 春种大豆和菠菜，秋种红小豆。

在油用牡丹田间，还可每隔 5~6 米种一行高大的乔木或者果树，乔木或者果树的选择标准如下。

1. 直立型、枝干非扩张树种。

2. 春天长叶子较晚的一些树种。

3. 根系较深一些的树种。

推荐如下一些树种。

（1）果树类。核桃树（彩图 5-36）、矮化苹果树、柿子树、橘子、枣树、板栗树、木瓜、香椿和柿子树。

（2）绿化树类。银杏、海棠、紫叶李、杨树（彩图 5-37）、泡桐、杜仲和国槐（图 5-38）等直立型树种。

林下和牡丹田间还可养鸡、鹅、羊等（牡丹、芍药的叶子有中药味，羊、鹅等不吃，只吃杂草和草籽。一般在杂草长出后再将羊、鹅等放入）。这样树上获得一份收入，树下的牡丹获得一份收入，而且林下养殖的鸡、鹅、羊还可以获得一份收入。另外，鸡、鹅、羊的粪便直接用于肥田，节省了肥料的费用。养殖时，这 10 天在 A 地块放养，第二个 10 天在 B 地块放养，轮换地块放养。

第十一节　林下种植油用牡丹的依据

一、林下种植基本要求

油用牡丹是小灌木，一般高 1~1.5 米。而乔木（银杏、国槐、杨树、栾树和海棠）和大部分果树（核桃、枣树、板栗和柿子等）等一般 2 米以下只是树干，2 米以上才是分支点。故在生长空间上不存在竞争。现在矮化密植的苹果树，虽然分枝点低，但是其枝干已经不是向四周扩张型的生长，而是只向左右两个方向的扁平状的生长，几乎对牡丹的生长没有任何影响。

牡丹的根为须根系，一般在地表 10~40 厘米范围内生长，而乔木和大部分果树的根系一般在 40 厘米以下。故在土壤营养上不存在较大的竞争。

牡丹一般 2—3 月发芽、4—5 月开花（南方地区更早）、5—6 月结籽、6 月中下旬开始休眠、7—8 月采摘，也就是说牡丹的生长期一般在 3—5 月；而

很多乔木和果树大多 4—5 月发芽、6—8 月开始生长、9—11 月结果实，也就是说乔木的生长期一般在 6—10 月。可见在 2—5 月这个时期乔木的树叶还没有完全长出，遮挡阳光的能力较差，而这正好给牡丹提供了吸收阳光的时间窗口。也就是说牡丹和很多乔木对阳光的需求期上基本上是错开的。

牡丹在气温高于 26℃时开始休眠，低于 26℃后会解除休眠并继续开始生长。因此，进入 6 月后，气温升高，各种乔木陆续长满树叶，给林下的牡丹提供了一个遮阳的阴凉环境，林下种植的牡丹在林下阴凉环境中反而获得了更长的生长期。相反，很多农作物（玉米、花生、大豆等）的生长期与乔木的生长期接近，大都是在 5—9 月生长，却很难在林下种植。

二、林下种植实例

北京植物园、中山公园、景山公园的牡丹大都生长在一年四季都遮阳的松树下。安徽省亳州市和山东省菏泽市都有几年、甚至十几年、几十年在杨树、梧桐树、国槐、海棠树下种植牡丹的历史。并且没有发现林下种植的牡丹对其上的各种乔木产生不良影响的案例。

第十二节 油用牡丹苗木的运输方式和运输途中保护

一、苗木的装运要求

卖苗不是把苗子挖出来装上车就完事了，不管苗子刚挖出时的质量多好，如果不注意运输方式和保护措施，苗子到达后可能会受到不同程度的损伤，而影响成活率。运输过程中主要的是防止苗子失水、防止高温烧苗（天气炎热可致苗子内部高温、苗子挤压在一起时因呼吸作用也会产生内热，烧苗后，表面看不出来，但是内部的纤维组织已经受到伤害）和低温冻伤（在 −5℃以下低温中，可能只是 1~2 个小时，根内部便受到了冻害，但不会马上表现出来，而是慢慢地腐烂变质，甚至持续隐藏 3 个月后才会完全表现出来。苗子栽入土地后，因为土壤的保护，即使在 −20℃条件下，也不会对苗子产生伤害）。因此，一般根据运输的季节、温度、距离、运输的时间长短、苗子的大小而确定运输方式，比较个性化。

苗木刨出后常见的包装方式有：① 裸根捆装（一捆 50 株或者 100 株）；② 用编织袋装；③ 将苗子装在纸箱或者塑料箱子里。

如果运输时间超过 24 小时，最好将苗子根部或者全株挂上泥浆防止失水（图 5-39）；天气较热的 7—8 月，最好用冷藏车运输，车内温度设置在 5~8℃ 范围。当天气较冷，平均气温在 5℃左右时，最好将苗子用塑料布包裹起来，一是保温（特别是在夜间低温时），二是防止失水；如果装箱子，就在箱子里面衬上一层塑料布，如果苗子直接装车，就用塑料布将苗子整个包裹起来。

二、最佳的运输方式

采用汽车直接运到种植地内，如果用的是厢式货车，运输途中需要每天透气 2~3 次，散掉呼吸作用产生的内热。尽量避免采用散货物流的方式，因为散货物流到达的时间难以把控、中间转运环节的装卸也较粗暴，极易损伤苗木。如果一定采用物流，最好是用箱子装苗子。

第十三节　油用牡丹待种植期间保存方法

一、种苗存放基本要求

苗子到达后，最好储存在室内，阳光照不到、风吹不到的地方，把室内地面用水洒湿，保持低温和一定的湿度，避免苗子失水。或者准备好遮阳网、用遮阳网盖上，周边地面洒上水，保持一定的潮湿度。

苗子不可以随意放在地里，任凭风吹日晒，有时候一个中午的暴晒便会使苗子丧失活力，虽然表面上看起来没有多大问题，但是内部已经脱水了。在苗子产区采购苗子时，经常听到供苗人说晒半个月后种到地里面还能活，其实活的只是少数，并且常常是指的天气较冷以后。千万不要把个例和特殊时段的成功作为普遍规律去应用，极其危险。大部分暴晒后的苗子都长得很差甚至死亡。

二、经济实惠的保存方法

将苗子置于阴凉的室内或 3~6℃的冷库（如果用的是冷风制冷的冷库，要在苗子上面盖塑料布防风，以免苗子被风干），然后向地面上洒水，保持地面潮湿（不可向苗子上面洒水）。也可以将苗子假植于土壤或者湿沙中，上面一定要盖上遮阳网，一是防太阳晒，二是防风吹，这样可以储存 15~30 天左右。但最好还是采用最快的方法尽快种植下去。

三、不当存放方法

切忌在苗子储存期间，直接向苗子上洒水，可以向周围土中、地面、空中洒水来增大湿度。如果向苗子上洒水，水分蒸发时会把根中的一些容易挥发的酚类、酯类带走，降低苗子的活力。

第十四节　油用牡丹一些常见问题和注意事项

一、油用牡丹的产量

产量会根据种植的品种、密度、水肥条件、栽培方式等不同而有差异，2~3 年的苗子，从种植开始算，一般 22 个月后开始收获种子，以后产量会增加。种植 6 年后进入丰产期，产量在 100~230 千克，也有个别品种和地区产量超过 230 千克的。6 年以后，产量随水肥条件的加强有所上升，但基本稳定在每亩 150~250 千克。

油用牡丹从种子播种开始计算，一般到第三年的 4—5 月才开花（即播种后的第 32 个月左右），因为花芽从形成到开花一般需要 3 年。

二、种子价格

在没有油用牡丹的时候，种子主要用于育苗，价格为 3~6 元 /500 克。其种子被用作榨油后，种子价格迅速上升，例如：2016 年种子价格为 9~15 元 /500 克，将来价格还会下降，预计会稳定在 4~6 元 /500 克。以下是往年主产区山东省菏泽市和安徽省亳州市的牡丹种子价格供参考。

2000—2010 年价格在：5~8 元 /500 克。

2011—2012 年价格在：7~10 元 /500 克。

2013—2016 年价格在：8~15 元 /500 克。

三、油用牡丹的生长寿命

油用牡丹一般可成活几十年、上百年，山西省古县有一株牡丹，经国家林业局鉴定已经存活 1 375 年。

四、如下地块非常适合种植牡丹

（1）旅游景区：春天开花时供观赏，收取门票，秋天收取种子榨油。

（2）林下（核桃树、柿子树、橘子树、枣树、板栗树、银杏、国槐、杨树和栾树等）。

（3）非良田（农作物生长不好的地块）。

（4）无法耕种的地块（山区、丘陵、水库、河堤、沟渠和道路两侧）。

五、严格按照时令种植

错过了种植季节，如没有采取到位的措施（比如平茬、覆地膜）、千万不要强种。强种的后果是大面积的死亡或者以后的生长极弱（不只是第二年生长弱，以后连续几年生长都弱）；还不如等到第二年早种，虽然晚种了一年，但是以后几年的生长势却很强。

六、种植紫斑牡丹应小心

由于紫斑牡丹更加耐寒、耐旱，而且量少，所以种子和苗子都比较贵。因此部分不法苗农用凤丹牡丹种子和苗顶替紫斑牡丹种子和苗销售，并卖很高的价钱（在观赏牡丹中，也经常有用凤丹牡丹顶替名贵牡丹销售的情况）。往往只收取 50% 的预付款，苗农便发货，剩余的那 50% 款根本就没有打算要，因为收取 50% 的货款便已经盈利了。所以一定要在购买紫斑牡丹种子和苗时请专家进行鉴定，或者在采摘紫斑牡丹种子时亲自在现场监督采摘。

七、选择油用牡丹苗注意事项

（1）一些苗农将 4~5 年的油用牡丹苗剪掉一部分根，将根作为药材卖掉，然后再将苗子很便宜卖出去。这种苗子成活率很低，约在 5%~30%。一般不要采购该类苗子种植。

（2）有的苗农在苗子较为便宜的 7—8 月将苗子买下、刨出，然后长期储存或者假植起来等待高价，有时候为了保持苗子的新鲜度，在储存期间向苗子上洒水。储存一段时间后，外观看问题不大，但是苗子活力已经下降。

（3）不要误解油用牡丹的耐贫瘠。很多人宣传的耐贫瘠，只是指在贫瘠的土壤中可以存活，并不代表在贫瘠的土地中可以高产。油用牡丹要想获得高产，需要较好的水肥条件，贫瘠的土地会活下来，但是产量很差。

（4）不要误解油用牡丹的耐旱。牡丹种植成活，且自己的新根已经生出很多后，的确比较耐旱。但是在种植成活之前的 1~2 年，特别是第一年，牡丹自己的新根长出的还不是很多，主要依靠自身老根储存的营养和水分供应上部叶片的生长，此时耐旱能力差，需要经常浇水。苗龄小的牡丹抗旱能力弱，干旱时必须适度及时的补充水分。北方地区春旱少雨，一般春天都要浇水，而南方地区则视情况而定。

（5）不要误解油用牡丹的耐寒。在 -30℃以下（有些品种在 -20℃以下），大部分牡丹品种的枝条会被冻死，特别是当年新生的枝条，但是土壤中的根不会冻死，第二年春天会从根上重新发出新枝。重新发出的枝条往往当年没有产量，第二年才会有产量，但是如果当年发出的枝条在冬天再被冻死的话，就会出现每年春天重新发出枝条，每年冬天枝条被冻死的情况，这样始终形成不了稳定的产量。所以，当要求油用牡丹具有一定经济产量时，过于苛刻的环境条件是绝对无法达到要求的。

（6）苗木栽植后需要 1 个月的生根时间，而且这 1 个月平均气温在 18℃左右。这一点非常重要，否则牡丹生不出足够的根，第二年夏天时容易因根系供应水分不足而出现枯萎。

（7）种植时最好种植壮苗，而且种植后至少要平茬 1 次，这样 2~3 年很快进入丰产期。

（8）油用牡丹的种植效益主要从压低土地租赁成本和节约人工管理成本中获得。

（9）我国地域辽阔，生态环境条件差异很大，能否发展油用牡丹，需要选择哪些种类和品种，一定要加以认真研究和分析，不宜盲目跟风。一定要经过试验性栽培取得一定经验后，再大范围推广。

（10）目前，牡丹籽油主要应用渠道。礼品用油、用作化妆品基础油、用作保健油和辅助疾病治疗用油。

第十五节　油用牡丹的投入与收益

一、投入部分

按亩计算。

1. 第一年的投入（时间一般是指从 8—12 月）。

（1）整地费用约 150 元。

（2）底肥约 400 元。

（3）种苗费。0.35 元／株 × 3 300 株／亩 =1 155 元（2~3 年生种苗平均价格）。

（4）栽植费。0.1 元／株 × 3 300 株／亩 =330 元。

（5）地租费用。各地地租差异较大，每亩地租超过 200 元，作者不建议种植。

（6）合计约 2 235 元。

2. 第二年的投入。

（1）年管理费用约 700 元（包括肥料、农药和中耕除草）。

（2）地租费用。各地地租差异较大，每亩地租超过 200 元，作者不建议种植。

（3）合计约 900 元。

3. 第三年的投入。

（1）年管理费用约 700 元（包括肥料、农药、中耕除草和摘籽）。

（2）地租费用。各地地租差异较大，每亩地租超过200元，作者不建议种植。

（3）合计约900元。

4. 第四年的投入。

（1）年管理费用约700元（包括肥料、农药、中耕除草和摘籽）。

（2）地租费用。各地地租差异较大，每亩地租超过200元，作者不建议种植。

（3）合计约900元。

5. 第五年及以后的投入因为牡丹长大后覆盖了地面，除草费用减少。

（1）年管理费用约700元（包括肥料、农药、中耕除草和摘籽）。

（2）地租费用。各地地租差异较大，每亩地租超过200元，作者不建议种植。

（3）合计约900元。

二、收益部分

按亩计算。

1. 第一年没有收益。

2. 第二年没有收益。

3. 第三年起开始结籽，25千克左右，种子价格按照6元/500克计算，收入约300元。

4. 第四年结籽50千克左右，种子价格按照6元/500克计算，收入约600元。

5. 第五年结籽100千克左右，种子价格按照6元/500克计算，收入约1 200元。

6. 第六年结籽150千克左右，种子价格按照6元/500克计算，收入约1 800元。

7. 第七年结籽200千克左右，种子价格按照6元/500克计算，收入约2 400元。

以后产量基本上稳定在200千克左右。7~60年为高产期，不同地区和水

肥条件，产量会有差异。收益按平均值以下较低收益计算，例如目前牡丹籽收购价格为 10~15 元 /500 克。

另外，收益部分仅计算牡丹籽收益部分，其余政府财政补贴、立体种植及套种产生的收益未计算在内。

三、投入和收益对比

按照以种植时间 20 年为一个周期，对油用牡丹投入产出效益进行计算，如下表所示。

表　油用牡丹投入产出效益统计

年限	第 1 年	第 2 年	第 3 年	第 4 年	第 5 年	第 6 年	第 7 年	第 8 年至第 20 年
成本（元 / 亩）	2 235	900	900	900	900	900	900	900
收入（元 / 亩）	0	0	300	600	1 200	1 800	2 400	2 400
纯收入	−2 235	−900	−600	−300	300	900	1 500	1 500

第六章
牡丹和芍药种子育苗

有一些牡丹开花后结种子，将种子采摘后播种育苗，然后可作为药材用苗、绿化用苗、油用牡丹苗、甚至观赏牡丹苗进行销售。

第一节　牡丹和芍药种子的采摘

一、植株的选择

一般采摘定植后 4~5 年以上壮苗的种子，可在每年 3—4 月开花时选定采摘种子的苗圃；定植 2~3 年内的苗较弱，种子往往不饱满，播种后发芽率不高。

二、采摘时间

种子成熟期因地区不同而存在差异，一般在 7 月下旬至 8 月中旬成熟。一般当果荚呈香蕉皮黄色，扒开后，果荚内种子颜色已经由白色变为褐色或者蟹黄色（彩图6-1），果荚内壁黏液消退，不再发黏时，即可进行采收。过早种子不成熟，过晚种皮变黑发硬影响种子萌发。不易出苗，一般是在花谢后110~120天时达到上述程度并进行采摘。种子成熟期因地区和品种不同而稍有差异。

牡丹的种子往往不同时成熟，即使同一地块、同一天采摘的种子，甚至同一株和一个果荚内的种子，有的稍微嫩一些，有的稍微老一些，很难像小麦一样几乎所有的种子同时成熟，所以我们只能选择大部分种子成熟的时候进行采摘。所以采摘后的种子里面有少量欠熟的，有少量过熟的。那么播种后，嫩一些的种子，可能会霉烂；正好的的种子，当年即可发芽；稍微老些的种子，种植后第二年才发芽；比较老的种子第三年才出芽。

第二节　牡丹和芍药种籽的采后处理

一、采后种子处理基本要求

采收后的果荚堆放在阴凉通风的室内（彩图6-2），让种子完成后熟过程（此时采下的种子并没有完全发育成熟，采收后需经40天左右的后熟，胚才分化完全），不可置阳光下暴晒，引起果壳中的胶状液体失水太快致种子不能完成后熟作用。如果室内空间不够，可在室外搭遮阳网让种子慢慢阴干（彩图6-3），堆放高度不要超过20厘米，每日翻动2~3次，防止果实堆积较厚又缺少翻动，种子因代谢而引起内部发热，会产生40~55℃的高温，将种子烧坏，影响到胚芽的活性，受热种子即便能出苗也将是抗逆性很差的弱苗。堆放地点不要过于潮湿，以免引起腐烂，待养分回抽，一般10~15天后即可将种子从果荚中脱出。也可将果荚放入编织袋内，然后将编织袋排成一排（不可叠加堆放，以免产生内热烧坏种子）置于室内（彩图6-4），让其慢慢完成后熟作用，省却每日翻动之苦。

待果荚开裂后，收集种子。可用人工或者脱粒机脱粒（彩图6-5）。然后将种籽置阴凉处存放、待播（如果种子量较少，可在种植前临时将种子从果荚中脱出，因为在果颗内保存种子是比较好的方式）。存放过程中避免发霉和失

水导致种子过干，长期储存需放置在 5℃左右的冷库。

二、种子寿命与贮藏特性

1. 在 10~15℃温度下贮藏，1 年后保持生活力的牡丹种子（用 TTC 染色法测定）为 88%，第 4 年降至零。

2. 在 –20℃的温度下贮藏，第 4 年保持生活力的种子仍占到 57%，不过这些种子仍有相当部分难以萌发成苗。

适宜的贮藏条件虽能延长其寿命，但却无法阻止其快速衰变的过程。最好当年种植。

三、种子的脱壳

大部分果荚经过后熟过程后，都可自然开裂，经木叉等工具拍打后，收集种子即可。但是还是有部分种子被果荚包裹，可用人工或者机械（牡丹果荚专用脱壳机）予以单独脱壳。

四、种子的筛选

播种前用清水选出充分成熟、饱满的种子。优质种子一般千粒重大于 400 克、水分小于 25%、不完整率小于 5%、杂质小于 3%、霉变率小于 3%。将水面上漂浮的种子单独分出（如果播种，将漂浮在水面上的种子单独播种）。由于漂浮在水面上的种子成熟不充分、出苗率低，如果将该部分不成熟的种子同优质种子一起播种，在苗床上有时会出现一小块缺苗的状况，不利于以后的管理。

五、种子的浸泡

由于牡丹种子的种皮较硬，种植之前用水浸泡 72~140 小时（种子干、天气冷或者播种季节较晚就多浸泡一些时间，最长可连续浸泡 6~7 天），目的一是使种皮吸水膨胀变软，利于种子的萌发；二是增加种子的含水量。一般用 20~45℃的温水浸泡（不能用自来水，用河水、井水或者池塘水。因为自来水里面有消毒物质），每 2~3 天换 1 次新鲜的水。但生产中较难控制温度，常常是将种子倒入缸内、或者大盆内，上边罩上塑料布，利用阳光增温。有的农民在地头挖一个深度不超过 40 厘米的土坑（彩图 6-6），铺上 1~2 层塑料布（担心一层塑料布破裂），将种子和水倒入坑内，然后上边再罩上塑料布。

在将种子捞出来之前 4~8 小时，加入多菌灵和赤霉素（或者生根粉）。一是对种子消毒，避免播种后发出的种子嫩芽遭到感染；二是促进种子快速、整齐萌发。

浸泡后的种子水分达到 25%~30%，种皮变得松软即可捞出，然后立即播种。浸种后如拌以适量的草木灰再播种更利于发芽出苗。

也可以将种子与湿润细沙等量拌匀后沙藏，20 天左右种皮破裂，幼嫩根尖开始生长，此时应立即播种。一般沙藏处理后的种子萌发率高，播种后苗整齐度高，次年出苗率高，注意不可出芽太长，否则播种时嫩芽易断。

第三节　牡丹和芍药种籽播种地块的选择和土壤处理

一、选择地块的基本条件

基本上同牡丹苗种植地块的选择，但为了获得高的出苗率，最好选择能够浇上水、土壤松软、土层厚、透气性、渗水性好的良田平地，这样可以保证高的出苗率。由于植株的自毒反应，5 年以内种植过牡丹的田块种子发芽率低，也极易感染病虫害，容易造成育苗失败，不宜作为苗圃地。土壤黏重、盐碱、低洼地块、土块及石块多的土壤一般也不要种植（种子难于萌动），对于近期 1~2 年使用过灭草剂的地块也不要选用。

二、土壤处理方法

一般在 6—8 月，参照第五章牡丹苗的种植方法，将土地深翻 2 次，晾晒、细耕、土块打碎，增强土壤活力。因为种子刚刚发出的嫩芽容易遭受病虫害的伤害，故在播种前对土壤进行充分的消毒和杀虫处理。然后在种植前，每亩施用 150~200 千克饼肥或腐熟的厩肥 1 000~1 500 千克，40~50 千克复合肥作为底肥。同时施入 10~15 千克/亩辛硫磷颗粒剂和 4~5 千克/亩多菌

灵（或者森活普菌净 2 千克 / 亩）等做为土壤杀虫杀菌剂。然后在播种前调节土地墒情（如果土壤较干，则适当浇水），然后深翻 30 厘米以上、耙平，即可种植。

同时，小苗的根比较幼嫩，木质化程度差，不耐水淹，甚至土壤中水饱和度太高都不可以耐受。故必须做好排水工作、挖好排水沟、不可积水，特别是下雨后的积水。

第四节　牡丹和芍药种籽的播种季节

一、播种时间区域划分

我国幅员辽阔，地形复杂，每个地方的最佳播种季节一定要根据当地的实际情况选定。比如：海拔、温度和降雨季节等。一般来讲，内蒙古自治区赤峰市、甘肃省兰州市、新疆维吾尔自治区乌鲁木齐市、辽宁省沈阳市一带在 8 月 20 日前播种完毕较佳；北京市、石家庄市、太原市、郑州市、西安市一带 9 月 10 日前播种完毕较佳；南京市、武汉市、重庆市、昆明市、丽江市一带 10 月 10 日前播种完毕较佳。每个地区海拔每升高 100 米，提前 1~2 天的时间量。

二、种子发育的温度

同种植牡丹一样，种子播种后 18~23℃时最易长出新根（又称为暖温生根阶段），所以，一般在种植后约有 30 天的时间平均气温在 18℃左右，这样牡丹种子便有充足的时间生出足够长的新根。根据南北地区差异不同，宁早勿晚，一般在 8—10 月播种。而幼芽需要经过冬季的低温（10℃以下 50 天左右）才能完成休眠，到来年春天 2 月中下旬才能发芽生长（又称低温春化生芽阶段）。若种子生根后，继续在 20℃温度下，则一直保持生根生长，胚芽不动（即只长根，不长芽），直至营养耗尽。这也是为什么播种后的牡丹种子次年春季出苗的原因。

播种过晚当年发根小且短，年后苗木生长弱。若于次年春季播种，当年也只能长出幼根，需等到下一年的春天才能发芽。播种过早，因气温高，土壤水分易蒸发，湿度不够，不利于种子萌发。对于干旱的土壤，种植时使用抗旱保水剂明显提高成活率。

三、不同牡丹品种的种子萌发对温度的要求不同

如紫斑牡丹、四川牡丹对萌发温度的要求较低，较适宜的温度为10~15℃，以20℃以上反而使萌发期延长。野生牡丹种子萌发生根时间较长，四川牡丹约需7个月，而紫斑牡丹至少需要8个月，不同分布地的四川牡丹种子生根率在60%~77%，但因种子大小不同，生活力上有较明显差异；不同产地的紫斑牡丹种子生根率差异较大，陕西牡丹与湖北神农架牡丹的种子较小，生根率仅有12%和44%，而文县高楼山牡丹的种子，生根率可达76%，两种牡丹的种子均需要经过较严格的4℃左右的温度，才能打破上胚轴的休眠，且出芽率明显低于栽培牡丹。另外，陕西延安万花山矮牡丹萌发过程也很长。

特别提示：错过了种植季节，如没有采取到位的措施、千万不要播种。很多有钱的老板错过了季节后仍然任性的播种，导致上千亩的播种面积只有极低的发芽率，教训惨痛。

第五节　牡丹和芍药播种

播种的深度是关键，播种过深，温度低，种子不易萌发；播种过浅，土壤水分蒸发而致土壤发干，萌发后的嫩根易干枯而死亡。最佳播种深度是在3~7厘米（彩图6-7），播完后轻轻压实种子上面的土。可在上面盖一层玉米秸或稻草，以达遮阳、通风和保湿的目的。

一、播种的方法

有点（穴）播、撒播、条播和机播。常用的是条播、起畦撒播和机械播种。在山坡上一般采用点播。

质量好的种子播种量一般在70千克/亩；质量差的种子播种量一般在100千克/亩；最节省种子的播种方式是点播，约30千克/亩。

1.起畦撒播，然后覆膜出苗率高，主要原理是起畦后地温较高，而且便

于日后管理。其方法是起高于地面 15~20 厘米高的畦，畦宽 80~120 厘米，畦床中间稍高，便于雨水及时流向两侧。畦间距 30 厘米。畦上每隔 20 厘米开一行播种沟，沟深 5~8 厘米，将牡丹种子撒播于沟内，之后覆土，并轻轻压实土壤，盖上地膜保温保湿（彩图 6-8）。像南方的湿地，畦要起高一些，以便降低土壤中的水饱和度。北方的旱地畦要适当低一些，以便于保墒。播种后畦面铺盖一层茅草或者秸草，厚 4 厘米以上。以保持土壤湿度，防止雨水直接冲刷，使种子暴露于土面，影响发芽或被鸟雀吃掉。第二年早春，去掉茅草或秸草。干旱地区或者旱地更应加盖湿麦秸或稻草以保持苗床水分。

2.条播（彩图 6-9）同撒播，只不过不用起畦，在山东省、河南省一带雨水适中的地方常用。

如果采用机械播种（彩图 6-10），尽量把地整平，否则拖拉机颠簸时会导致种籽播的深浅不一，深度在 10 厘米以下的当年很难发芽，往往等 2~3 年后再发芽。如果设定的播种深度在 5 厘米，则实际播种深度可能下深到 8 厘米，所以一定要检查设定深度和实际播种深度是否一致，如不一致，进行调整。

3.穴播。坡度较大的山坡地一般选择穴播。穴播的穴距为 25~30 厘米，播种穴的深 5~8 厘米。如地块内土块较大应该用稍深的穴播种，以防种子没有出苗前就被晒干。穴下口要平整。每穴下种 5~10 粒，使种子均匀分布穴内，然后覆土 3~5 厘米。每亩播种量为 15~25 千克。

播种后一般 15~30 天可发出幼根，当年晚秋可长 5~10 厘米左右，第二年 2 月下旬至 3 月中旬，地温上升到 4~5℃，种子幼芽开始萌动。

二、播种注意事项

1.土壤过干，已经长处出根的种子容易干枯而死。

2.土壤中积水或湿度过大，种子容易霉烂。

3.北方地区播种后，在冬天来临前，覆上稻草保温，然后在稻草上面再覆上地膜。

4.如果种植较晚，种完后必须立即覆上地膜。即使是正常季节播种，在天气转冷后，建议覆上地膜最好，一是可保温促进根的生长；二是可保墒。覆膜后，增加出苗率和出苗整齐度。

第六节　牡丹和芍药第二年春天的管理

一、种植一年期的措施

早春，气温升高，地温上升，幼芽开始萌动，幼苗长出地面前，及时去除地膜等覆盖物，如果秋天播种时种子上面覆土较厚，则适当去除上部过厚的土、并及时浅松表土，以便幼苗容易长出。如果苗床较干，应向苗床上洒水、使土壤变得松软，便于牡丹芽萌动。

当苗高约 3~8 厘米时，可进行叶面追肥。每 15~20 天，喷施 1 次 1 000 倍的磷酸二氢钾或其他叶面肥料。连续喷肥 3~5 次。同时期，必须每隔 15~20 天，喷施 1 次多菌灵或甲基托布津、百菌清等杀菌剂，整个生长季喷药不应少于 3 次。也可与叶面肥合喷。否则在中原地区、特别是在南方地区，进入 5 月气温升高时便会发生茎腐病、立枯病、褐斑病和灰霉病等导致幼苗大面积死亡。河南省、湖北省部分苗农在 2016 年就曾发生几千亩幼苗因立枯病、茎腐病而死亡的事件。

生长期及时拔草（因为当年小苗长势较弱，而杂草长势很快，如不尽快去除，杂草有可能吃掉小苗）、浇水。但是如有积水时必须及时排除，因为当年播种发出的幼嫩的牡丹根极其细嫩，不耐水淹，水多会腐烂。

夏季来临前，可于 5 月在垄间种植些玉米、高粱等高秆作物，等其长高后给幼苗遮阳，防止高温灼伤嫩叶。9—10 月下旬叶片干枯后，及时清除落叶（因为叶子上容易有病菌，感染土壤），烧毁或深埋，预防明春病害的发生。入冬前，浇 1 次抗冻水，可在水中加入生根剂、液体肥和多菌灵等。

二、种植多年后的措施

第三年春季、夏季管理同第二年。秋末即可将苗子刨出销售。如果暂时销售不出去，第四年秋天无论如何都要刨出销售，否则下一年部分苗子会因太稠密而死亡，发生此类情况约达 30%。

三、穴盘育苗或小盆育苗（小的塑料皮碗）方法

牡丹裸根苗一般只能在秋天种植，而且种植后要立即能浇上水。但是，有的地方没有水源，而且要打破只能秋天种植的限制。为了满足上述要求，可以将牡丹种子播种在穴盘、小盆（或者小的塑料皮碗）内（彩图6–11），在穴盘内生长1年后，可以随时移栽到种植地块内。

移栽牡丹裸根苗前，将盆内苗子浇透水；移栽时，在田间将穴盘或者皮碗去除，注意不要去掉苗子根部的土，将苗子连同穴盘内的土一起种植下去。这样带着穴盘内原土种植的苗子适应快、抗寒抗旱性强、成活率高，除冬季外，其他季节都可种植。

第七节　牡丹播种育苗的投入与收益

一、投入部分

按亩计算。

1. 第一年的投入。

（1）整地费用约400元（播种用地的整理精细，费用稍高些）。

（2）肥料：第一年主要是底肥，羊粪和复合肥等约400元。

（3）种籽费用：30元/千克×100千克/亩=3 000元。

（4）播种费约1 000元。

（5）年管理费用约1 000元（包括浇水、农药、除草）。

（6）地租费用约1 200元/亩/年。

（7）杂费约1 000元。

（8）合计约8 000元。

（9）每个地方因人工、地租等不同而异。

2. 第二年的投入。

（1）年管理费用约1 000元（包括浇水、农药、除草）。

（2）地租费用约1 200元/亩/年。

（3）苗子销售时挖苗费用约 1 500 元 / 亩。

（4）杂费约 1 000 元。

二年合计投入约 12 700 元。

二、收益部分

按亩计算。

1.第一年没有收益。

2.第二年将苗子刨出，出售，其成本如下。

（1）100 千克种子约有 360 000 粒种子，按照 40% 的发芽率计算，约出苗数量为 144 000 株。

（2）2015 年 2 年苗均价约 0.16 元 / 株，2016 年 2 年苗均价约 0.24 元 / 株，按照 0.2 元 / 株计算。

（3）2 年内每亩毛收入：144 000 株 × 0.2 元 / 株 =28 800 元。

（4）每亩每年纯收入：（28 800 元 –12 450 元）/2 年 =8 175 元。

第八节　牡丹和芍药种子育苗中的一些常见问题

一、如何挑选种子

对于购买种子的客户来说，最好是在开花时便选定地块，然后在采摘季节现场监督采摘，避免种植户早采或者晚采。然后将新鲜采摘的果荚拉到自己处进行后期处理。其原因如下。

1.近几年有些农户担心果荚丢失，提前采摘，导致种子成熟度不够而发芽率低。

2.在果荚储存期间，疏于管理、堆放过厚或者翻动次数太少导致种子产生内热，或者阳光暴晒致使种子迅速失水未能完成后熟过程。

二、注意泡水种子和陈旧种子

有的农户在出售种子前，将种子在水中长期浸泡卖给客户，增加重量。一

般 35 千克的干种子经过充分浸泡后可变为 50 千克；有的商家将陈旧种子掺到当年的新种子里后以旧充新进行销售。请购买者予以注意。

三、牡丹生长分期

播种后长出的牡丹的年龄时期大致可划分为：1~3 年为幼年期；4~14 年为青年期；15~40 为壮年期；40 年以上为老年期。以上分期只供参考，并不代表 40 年以上的种子产量就低，作者见到一些几百、上千年的牡丹，其植株仍然保持高的结籽率。

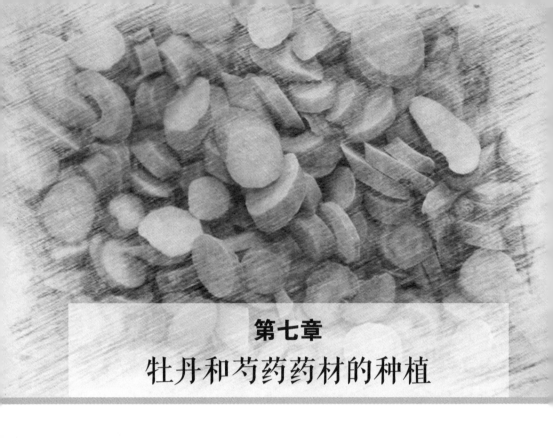

第七章
牡丹和芍药药材的种植

牡丹和芍药的根是名贵的中药，含丹皮酚、牡丹酚苷、牡丹酚原甙、芍药甙、植物甾醇、羟基芍药甙和苯甲酸等。具有杀菌消炎、散瘀血、通经络、止痛镇静、抗痉挛、降血压、保肝、调节心血管和免疫功能等功效。对黄褐斑、皮肤衰老、月经失调、瘀血痛经、出虚汗、盗汗、血热斑疹、淤滞腹痛、跌打瘀血、关节肿痛、痈肿疮毒和抗惊厥等具有调节作用。

几百年来，我国很多地区一直种植牡丹和芍药，植株长大后，将苗子挖出取其根茎做药材。有的做成切片（彩图7-1和彩图7-2）或颗粒、有的药厂收购后从根中提取牡丹酚、芍药苷、皂苷等各种成分。据不完全统计，国内丹皮年需量在250万千克左右，年出口量约为50万千克。国际和国内市场需求很大。我国丹皮的主要产区有山东省、河南省、安徽省、四川省、湖南省、陕西省、湖北省、甘肃省和贵州省等地区。安徽省的亳州市是药用牡丹栽培最集中的地区。

不像种植油用牡丹受到许多限制条件，药用牡丹、芍药的栽培范围可以很大，只要能够存活即可，不一定非得能够开花，以凤丹牡丹为例。长江流域以

南地区，花期雨水较多，影响授粉，不易种植油用牡丹；在偏北及海拔较高地区，冬季低温会将上部花芽和枝条冻死而不易种植油用牡丹；还有一些地方，在牡丹开花季节常常有大风，将花粉刮散的同时，花柱的柱头也很快被风干，而导致授粉率低也不宜种植油用牡丹。但因药用牡丹采集的是根部，所以上述地区都可以种植药用牡丹。

所有牡丹、芍药品种的根都可做药材，牡丹中品质较好、产量较高的品种是凤丹系列；芍药中产量较高、药用价值较大的品种是种生芍药（"杭芍"）和"粉玉奴"。

第一节　牡丹丹皮的生产

一、牡丹丹皮的培育

牡丹一般是定植后第 4 年至第 6 年挖取，在华北地区，以秋分到霜降期间采收最好，第 4 年以后，根的数量基本稳定，但显著加粗，重量增加，第 7 年以后加粗速度逐渐减缓，产量很难再上升，且所生长出的组织更多的是没有药用价值的木质部。牡丹种植时一般将根截短至 10 厘米左右，以促进种植后生出更多的新根，作为药用生产一般种植 2 年苗，每亩种植 6 000 株左右。长成后将苗子刨出，将根剪下，经"刮皮抽筋"（即将根最外面薄薄的一层表皮剥去，同时抽掉根中间的木质部），称刮丹皮；不刮去根最外面薄薄的一层表皮的称原丹皮（彩图 7-3），呈筒状块片，有纵剖开的裂缝，向内卷曲或略外翻，长短不一，筒径在 0.5~1.4 厘米，皮厚 2~4 毫米，质硬脆，折断面粉性，灰白色至粉红色；气味芳香，味苦而涩，微有麻舌感。然后，将肥厚的根皮洗净晒干，分级包装上市销售给药厂或者饮片加工厂等，至于药厂将其做成丸剂、片剂、复方颗粒还是提取不同成分后用于化妆品和保健品的添加等，此处不予以讲述，因为超出了一般农民的投资范围。药用牡丹鲜根起挖后，要抓紧时间剥取，以免根皮失水收缩，不易与本质部分离，使剥制的牡丹皮破碎，降低质量等级。目前还没有研制出机械化剥皮的工具。

二、牡丹丹皮的初级加工

抽筋后的牡丹丹皮要按粗、细、整、碎分别放于篾席上，置于阳光下晒干。阳光强烈的天气，一般1~2天即可干透。如果遇到天气变化，晒不到七成干的，要摊开凉着，不能堆积收存，以免裂口变色，降低药材档次。晒干的牡丹丹皮含水量应该控制在4%~6%，含水量过高，容易霉变；含水量过低，容易破碎，降低等级。每100千克鲜根可加工成牡丹丹皮干货35~40千克。一般每亩可产牡丹丹皮干货400~450千克。

三、药用牡丹皮的标准

1984年，国家医药管理局和中华人民共和国卫生部以地区产的牡丹丹皮制定了"药用牡丹丹皮"的规格标准，如表7-1所示。

表7-1 "药用牡丹丹皮"规格标准

品别	等级	标　　准
凤丹皮	一等	干货。呈圆筒状，条均匀微弯，两端剪平，纵形隙口紧闭，皮细肉厚。表面褐色，质硬而脆。断面粉红色，粉质足，有亮银星，香气浓，味微苦涩。长6厘米以上，中部围粗2.5厘米以上。无木心、青丹、杂质、霉变
	二等	干货。呈圆筒状，条均匀微弯，两端剪平，纵形隙口紧闭，皮细肉厚。表面褐色，质硬而脆。断面粉红色，粉质足，有亮银星，香气浓，味微苦涩。长5厘米以上，中部围粗1.8厘米以上。无木心、青丹、杂质、霉变
	三等	干货。呈圆筒状，条均匀微弯，两端剪平，纵形隙口紧闭，皮细肉厚。表面褐色，质硬而脆。断面粉红色，粉质足，有亮银星，香气浓，味微苦涩。长4厘米以上，中部围粗1厘米以上。无木心、青丹、杂质、霉变
	四等	干货。凡不合一、二、三等的细条及断支碎片，均属此等。但最小围粗不低于0.6厘米。无木心、碎末、杂质、霉变

注：1984年国家医药管理局、中华人民共和国卫生部制定

四、贮藏运输

将晒制好的牡丹丹皮截成6~15厘米长的小段，按不同规格整齐装入木箱、纸箱或竹篓，内加入防水纸封口严实，置于干燥通风处贮藏。出口外销的牡丹丹皮还需要木箱，外加麻布包装，打捆成件。

贮藏期要注意防潮，牡丹丹皮受潮后，其断面即由原来的粉白色变成棕红色。如断面变成黑色，即说明牡丹丹皮已经变质，失去使用价值。牡丹丹皮受潮后，应立即放在阳光下摊晒或用木炭文火烤，干燥后重新装箱。

牡丹丹皮本身有驱虫作用，贮藏时一般不必担心虫蛀。运输牡丹丹皮要轻装轻放，减少颠簸，避免破碎。

山东省荷泽市药品检验所陈奇通过对不同存放时间的牡丹丹皮中牡丹酚含量测定，随着存放时间的延长，其牡丹酚的含量逐年下降。因此，牡丹丹皮不宜久贮，如表7-2所示。

表7-2　不同贮存的牡丹丹皮中牡丹酚含量

供试品	贮存时间（年）	牡丹酚含量平均值（%）	标准差（SD）
药用牡丹丹皮 （三级）	1	2.28	0.04
	3	2.00	0.06
	4	1.82	0.04
	5	1.83	0.04

第二节　芍药根茎的生产

一、芍药根茎的繁育

芍药一般是种植1~2年生的小苗，每亩种植约5 000~8 000株，生长3~5年后挖取，因为第6年以后根的生长量变小，产量很难再上升。将刨出的苗子的根砍下，尽量不要伤到芽子，并在芽子下面3~5厘米处将根截断，然后将带花芽的芽头分成小苗，再重新种植到地下，一般每亩大苗分成的小苗可以再种植 5~10 亩地。同时，将砍下的根洗净后直接卖给药厂或者饮片加工厂。也可用去皮机将最外面一层薄薄的皮去掉后晾干（彩图 7-4），分级销售，获得增值利润。

二、芍药种子的繁育

种生芍药还开花结籽，将其籽粒采摘后育苗，育苗方法同牡丹籽粒，2~3 年后挖出销售即可。

第八章
牡丹籽油和芍药籽油的榨取

牡丹籽含油量 22% 以上，种仁含油量 33% 左右。牡丹籽油（彩图 8-1）中主要含亚油酸、亚麻酸，很多油类中也含有亚麻酸，但牡丹籽油中各脂肪酸的组成搭配较为合理。另外，牡丹油中还分析出 18 种氨基酸和 7 种维生素，像维生素 A、维生素 E、尼克酸和胡萝卜素含量十分丰富。总糖含量高达 12.84%，尤以植物多聚糖、双糖含量高。另外，牡丹籽还富含钾、钙、镁、磷等 20 多种无机元素。

除作为食用外，牡丹籽油已被列入国家化妆品原料目录，可作为化妆品原料的基础油进行添加（彩图 8-2），具有防晒、保湿、抗色斑、滋润及美白肌肤，防皱抗衰老等多种功效。

据报道，牡丹籽油具有如下一些作用。

第一，促进人体 GSH-Px、SOD 基因表达，促进 D- 半乳糖的分解，抑制 MAO 基因表达。从而达到抗自由基损伤、延缓衰老和淡化色素斑渍的作用。同浓度的牡丹籽油清除 DPPH 自由基的能力强于橄榄油，牡丹籽油高效的抗氧化作用和清除自由基的能力，有益于延缓皮肤衰老，抑制晒后色斑形成，保持肌肤水嫩透亮，是日化产品中良好的添加原料。

第二，增强心血管和中枢神经系统的免疫功能，可以保护血管免受代谢紊乱的影响，可作为心脑血管保护的预防药物，保护视力，增强智力。

第三，促进脂肪代谢，辅助降血脂、降血液黏度、降胆固醇，有效地降低血清中的 HDL-C、LDL-C、TG 和 TC 水平，可以开发用于高脂血症、脂肪性肝炎、代谢综合征的药物。

第四，能够较好地降低糖尿病小鼠的血糖，并且还对正常小鼠的糖耐量有一定的改善作用。

第五，活血化瘀、消炎杀菌、止痒。对口腔溃疡、青春痘、疱疹、红肿淤血、乳腺增生、痛经、便秘、蚊虫叮咬、真菌感染有效果。

第六，吸收紫外线。不饱和脂肪酸富含双键，能够吸收一定的能量；可作为防晒和保湿化妆品中活性添加剂，可在溶液或乳液中添加。

第七，以下是美国食品和药物管理局（FDA）认可的亚麻酸的作用。

1. 降血脂和降血压（Guard against Hypertension）。

2. 增强自身免疫（Immune System）。

3. 预防糖尿病（Deterring Diabetes）。

4. 防治癌症（Cancer Prevention）。

5. 减肥（Weight Management）。

6. 防脑中风和心肌梗塞（Defend Headstroke and Heart attack）。

7. 清理血中有害物质和防治心脏病（Combat Cholesterol and Heart Disease）。

8. 缓减更年期综合征（Reduces Symptoms of Menopause）。

9. 提神健脑，增强注意力和记忆力（Memory，Mood，attention）。

10. 辅助治疗多发性硬化症（Multiple Sclerosis）。

11. 辅助治疗类风湿性关节炎（Assist and Treat the Rheumatoid Arthritis）。

12. 用于皮肤癣或湿疹（for Skin tinea and Eczema）。

13. 预防与治疗便秘、腹泻和胃肠综合征（Constipation Diarrhea and IBS）。

第一节　牡丹油的榨取

　　榨取牡丹籽油的方法有很多，在此只介绍比较健康、实用的冷榨、亚临界溶剂萃取、二氧化碳超临界萃取，同时对水酶法稍作介绍。作者没有亲自对牡丹籽油的全过程进行过榨取，对一些细节问题、参数问题不了解，再加上建榨油厂投资大、技术要求和硬件设施要求都不是一般的投资人可以承受的，不适合农民个体投资，综合上述各种原因，作者只对该部分进行粗略的介绍，计划建榨油厂的农民朋友，必须请教专业的工程师。其榨取过程如图 8-1 所示。

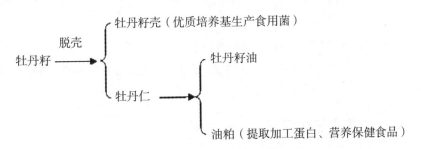

图 8-1　牡丹籽油的榨取过程

一、冷榨

　　不管应用哪种榨取方法，首先要把牡丹籽外面那层黑色的壳去掉，脱壳的设备较多，脱得比较干净的是洛阳一城花事公司研制的脱壳机。

　　1. 冷榨的一般流程。清理除杂→剥壳分拣→烘炒→压榨→过滤→清毛油→水化脱胶→碱炼→脱色→过滤→脱臭→冷却→成品油→包装。

　　2. 也有采用如下流程的。牡丹籽→用磁选机进行磁力除杂（主要除去混在种子中的金属）→风选除尘机除尘→脱壳机去壳→壳仁分离→光电色选机选出霉变的种子→破碎机将种子破碎。破碎后的种子送入压榨机，把油脂压榨出来。所有的环节温度都不超过 60℃。然后将压榨出的油用机械过滤法精炼，最后充氮气封装。

一些工厂常用化学精炼法进行脱酸、脱胶、脱水、脱色、脱臭、脱蜡处理，这样往往会破坏油中的营养成分，并在油中残留一些化学物质，不是非常健康。

3. 冷榨的主要设备。清选机、脱壳机、破碎机、炒锅、压榨机和过滤设备。

（1）冷榨的优点。

第一，不添加任何化学物质。

第二，能较好的保留牡丹籽的营养成分和风味物质。

第三，操作简单。

（2）缺点。出油率低，油粕中残油含量高，约只能压榨出 55%~60% 的油。

压榨完的饼粕可作为饲料、提取蛋白等。

以下是热榨工艺和化学精炼的大致流程，可供读者对比参考，如图 8-2 所示。

二、亚临界流体萃取

亚临界流体是指某些化合物在温度高于其沸点但低于临界温度，且压力低于其临界压力的条件下，以流体形式存在的该物质。当温度不超过某一数值，对气体进行加压，可以使气体液化，而在该温度以上，无论加多大压力都不能使气体液化，这个温度叫该气体的临界温度。在临界温度下，使气体液化所必须的压力叫临界压力。当丙烷、丁烷、高纯度异丁烷、四氟乙烷、二甲醚、液化石油气和六氟化硫等以亚临界流体状态存在时，分子的扩散性能增强，传导速度加快，对天然产物中弱极性以及非极性物质的渗透性和溶解能力显著提高。

亚临界流体萃取技术就是利用上述亚临界流体的特殊性质，让亚临界流体与磨成粉末状的牡丹籽仁粉在萃取罐内混合，在一定的料溶比、萃取温度、萃取时间、萃取压力，萃取剂及搅拌、超声波的辅助下进行萃取。萃取混合液经过固液分离后进入蒸发系统，在压缩机和真空泵的作用下，将萃取剂由液态转为气态，从而留下的即为牡丹籽油。

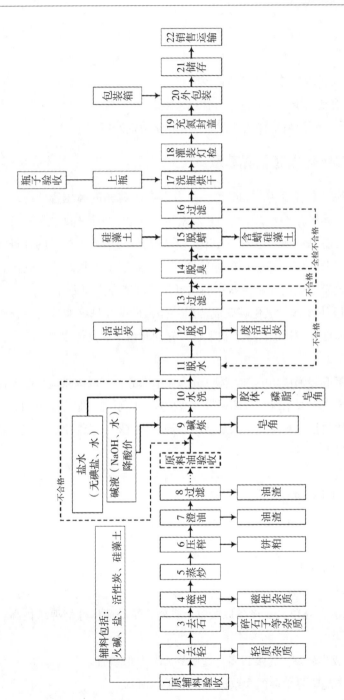

图 8-2　热榨工艺和化学精炼流程

（1）优点。

① 时间短、出油率高。

② 能有效保留牡丹籽油的活性成分

③ 采用的是低压，成本低，适合规模生产。

（2）缺点。仍属溶剂浸出法范畴，有化学溶剂残留。

三、二氧化碳超临界萃取

通俗地说，在温度为 31.265℃，压力为 7.18 兆帕的高压容器内，二氧化碳将成为超临界状态（类似于气相和液相互相转化的一个中间过渡状态）的流体（此时，既不是液体、也不是气体），将此流体与磨成粉末状的牡丹籽仁粉末充分混合，牡丹籽仁粉末中的油脂便会进入到超临界状态的二氧化碳流体中，然后将含有油脂的超临界状态的二氧化碳流体分流到另外一个分离容器，然后慢慢减压使液态二氧化碳变成普通气体，最后牡丹籽油被留在分离容器内，达到分离提纯的目的。至于提取牡丹籽油时设定的具体温度和压力，作者尚不了解。

超临界萃取装置从功能上大体可分为 8 个部分：萃取剂供应系统、低温系统、高压系统、萃取系统、分离系统、改性剂供应系统、循环系统和计算机控制系统。具体包括二氧化碳注入泵、萃取器、分离器、压缩机、二氧化碳储罐和冷水机等设备。

（1）优点。

① 生产过程纯天然。

② 不破坏生物活性成分，保持牡丹籽仁原味。

③ 出油率高。

④ 后续可不用精炼。

（2）缺点。

① 采用的是高压，对设备以及整个管路系统的耐压性能要求极高、设备昂贵。

② 运营成本较高。主要设备：超临界 CO_2 萃取装置。

二氧化碳超临界萃取的大致流程如图 8-3 所示。

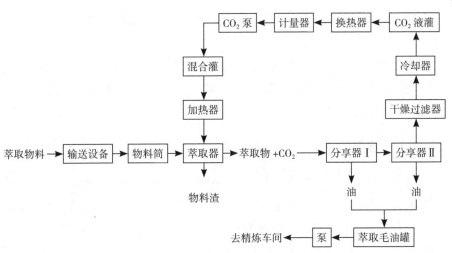

图 8-3　二氧化碳超临界萃取流程

四、水酶法提取牡丹籽油

以酶解的手段降解植物细胞壁，使油脂得以释放，可以满足食用油"安全、高效、绿色"的要求。此法反应条件相对温和、环保，利于油料中油脂和蛋白质的综合利用。其主要工艺流程为：牡丹籽仁→干燥→粉碎→过筛→配液→超声→调 pH 值、温度→加酶酶解→升温灭酶→离心分离→上层液体静置分层→离心分离→牡丹籽油。

水酶法提取油脂尚处于研究阶段，是今后研究的热点。

第二节　牡丹籽油和芍药籽油的成分与储存

一、牡丹籽油储存条件

除了储存容器的洁净、卫生外，预防氧化是储存中的重点。主要防止氧化的措施有：充氮、抽真空、添加抗氧化剂等。充氮灌装常温下可以贮存 18 个月，打开包装后一般应存放于低温避光处。

常用的抗氧化剂主要有 TBHQ、BHA、BHT 和茶多酚等酚类物质，它们能提高植物油的稳定性，有效地延缓植物油的氧化酸败，抗氧化效果为：TBHQ>BHA>BHT。

可通过先添加0.02%TBHQ抗氧化剂，再充氮气包装，达到最佳储存氧化防控效果。考虑到硒的保健功能，可考虑以硒替代部分TBHQ，从而丰富牡丹籽油的保健功能。

二、芍药籽油

部分芍药品种也结种子，其中以种生芍药（又称杭芍）接种率最高，种植后5年的亩产量可达200千克左右，6年及以后可达亩产250千克左右。其含油率约为24%，亚麻酸含量约为31%以上。亚油酸、亚麻酸、油酸这3种不饱和脂肪酸含量约为94.0%，其他脂肪酸成分与"凤丹"种籽油的基本相同。

因为油用芍药种植的范围更加广泛，产量又比油用牡丹高，种植管理简单，采摘时可以采用机械采摘。作者预测油用芍药和芍药籽油将会有更大的发展前景。

第九章
牡丹花茶和芍药花茶的加工

牡丹的花瓣、花蕊、全花及牡丹的嫩芽都可以做成茶，并分别有多种制作工艺。如果读者计划生产牡丹茶，还必须向制作牡丹茶的专业人士学习，此处只是进行一般性的介绍。

第一节　花瓣茶

一、花瓣茶的成分和功效

牡丹花富含牡丹精油、没食子酸、紫云英苷、13种氨基酸、黄酮及多酚类化合物、多糖介质物（木糖、L阿拉伯糖、葡糖、纤维糖、异构酶糖等）、芍药花素-3，5二葡糖苷、芍药花素-3葡糖苷、矢车菊素-3，5二葡糖苷、矢车菊素-3葡糖苷、天竺葵素-3，5二葡糖苷和天竺葵素-3葡糖苷等。

牡丹花提取液不但含有丰富的营养，而且能清除O_2^-、·OH、H_2O_2等活性氧自由基，对DNA的氧化损伤具有修复作用。其中，红色牡丹花提取物清除

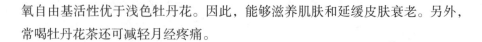

氧自由基活性优于浅色牡丹花。因此，能够滋养肌肤和延缓皮肤衰老。另外，常喝牡丹花茶还可减轻月经疼痛。

二、花瓣茶制作工艺

花瓣茶的一般制作工艺为：花瓣采集后，用10%的柠檬酸无水乙醇溶液浸泡10分钟脱膜、脱脂，然后置零下18℃冰箱或者冷库慢冻4小时，然后取出放入液氮内速冻5分钟，从液氮内拿出后升华干燥6小时，接着−40℃解析干燥10小时。得到的牡丹干花花瓣颜色自然，与新鲜花相似，在自然条件下储存4个月后仍然有型，风味不变（彩图9-1和彩图9-2）。

也有采用红外线、远红外、微波等进行干燥的，但因为产生高温对花瓣中的营养成分有些破坏。因为牡丹花瓣采摘季节比较集中，如果来不及加工，可置−20℃以下冷库中保存。

从香气上讲，做花瓣茶比较好的品种是"香玉"；从功能上讲黑色牡丹、紫色牡丹、黄色牡丹、红色牡丹较好一些。黑色牡丹花瓣制成的干茶颜色黑红、汤色和口感与滇红很像，略带一些花蜜味；红牡丹干茶颜色桃红略带紫，白牡丹干茶颜色黄白。

另外，也可把牡丹花瓣茶同绿茶或者红茶添加在一起饮用。

第二节　牡丹花蕊茶

一、牡丹花蕊茶的成分

花蕊含有丰富的氨基酸、蛋白质、多糖及总黄酮，具有改善血液循环、增强免疫力，减少色斑和黯沉功效。可将牡丹花蕊（彩图9-3和彩图9-4）作为功效性饮品进行开发。同时，将花粉作为抗衰老的原料应用于化妆品及食品、饮品等进行开发。

二、花蕊茶的制作流程

在花粉从花粉管中散发出来之前，采集花蕊。花蕊采集后，置入滚筒杀

青，杀青后的牡丹雄蕊茶置于 45℃ 左右的烘干机晒盘内进行烘干，时间 45 分钟，以消除雄蕊青涩味道，为防止牡丹雄蕊从晒盘空隙漏出，晒盘上放一层干净卫生的白纱布。烘干后，牡丹雄蕊会有干湿不匀的情况，然后将雄蕊翻搅后进行 2 次烘干，温度为 45℃ 45 分钟（有的还进行第三次烘干）。1 千克鲜雄蕊烘干后可得 0.2 千克干雄蕊。然后真空避光包装（彩图 9-5），不要用透光的包装，以免光线破坏花蕊中的有效成分。

第三节　牡丹全花茶

将整朵牡丹花在初放时采摘下来，经过清洗（彩图 9-6）、摊晾、杀青、烘干、定型和完全烘干等步骤。使其脱水干燥制成包括花瓣、花药和子房的全花茶。放入水中冲泡后，干花会重新恢复到牡丹鲜花开放时的状态（彩图 9-7 和彩图 9-8），即可观赏，又可饮用（彩图 9-9）。

由于花中的子房较肥厚，所以要充分脱水使其干燥，否则在随后的储存中容易发霉。

第十章
牡丹干花和芍药干花的制作

第一节　常用的干花制作方法

　　将正在开放的牡丹、芍药鲜花摘取下来，干燥、定型后，使其长期保持开放状态。然后做成工艺品，陈放于客厅、大堂或办公桌上，具有较高的观赏价值。

　　鲜花干燥定型的方法较多，常规的干花制作方法如下。

　　1.液体干燥法。

　　2.埋没干燥法。

　　3.自然干燥法。

　　4.插入水中逐渐干燥法。

　　5.冷冻真空干燥法。

　　这些方法适用于含水量较低，且花枝坚挺的植物，牡丹花瓣软薄，含水量较多，单纯使用液体干燥法、埋没干燥法、自然干燥法、插入水中逐渐干燥法

和冷冻真空干燥法，不能满足牡丹干花的制作。尤其是冷冻真空干燥法代价高昂，操作难度很大，目前处于研究阶段。

常规的埋没干燥法是用干燥剂硅胶、硼砂、明矾，让其吸去花中的水分来制作干花，要求容器不能透气，若用此方法加工牡丹，当花中大量的水分被干燥剂吸收后，由于容器被密封，水分不能向外挥发，而必结成块状，因此在取花时，很难甚至无法将干燥剂与花彻底脱离，并由于牡丹花瓣的层次多，总含水量大，难以彻底脱水，极易造成腐烂。

所以，以上方法都不适合用来制作牡丹干花。

第二节 牡丹干花和芍药干花制作流程

在实践中，牡丹花农们摸索出了一套专门针对牡丹的干燥方法，该方法原料易得、操作简单，现介绍给大家。

一、牡丹、芍药干花制作方法

其步骤如下。

步骤 1：将初放的牡丹和芍药鲜花剪下，花柄不短于 20 厘米，插入含 5% 的护色剂（柠檬酸与甘油按照 1：1 的比例配成）的水溶液中进行浸泡。

步骤 2：将筛筐内侧衬一层棉质布，放上约 1/4 筛筐容积的石英砂于底部。

步骤 3：将步骤 1 中的牡丹鲜花及芍药鲜花取出后，正放于筛筐内石英砂上，然后缓缓加入 80~100 目的白色石英砂（事先将石英砂内杂质和土去掉），将牡丹鲜花及芍药鲜花的花瓣之间和牡丹鲜花及芍药鲜花的整朵花完全用石英砂填埋。

步骤 4：将筛筐置于温度 20~22℃、干燥、通风、遮阳的环境内，持续 28~30 小时（量少可以在烘箱内，量大就需要建一个温度可以调控的房间，同时在房间内放置一干燥器）。

步骤 5：将环境温度再升到 26~30℃，12~15 小时。

步骤 6：将环境温度再升到 36~40℃，8~10 小时。

步骤 7：关掉加温设备，去掉石英砂，得到牡丹花及芍药花的干花。

二、上述操作流程需要注意之处

该种方法得到的干花在形态和颜色上与鲜花极为接近，花瓣牢固不易脱落，欣赏效果和长期保存效果较好（彩图 10-1）。

为了能够长期保存，可将牡丹干花置于密封的玻璃罩内（彩图 10-2）或者亚克力塑料罩内（彩图 10-3），作者有存放 6 年的牡丹干花，仍然保持较高观赏价值。

附录一

其他牡丹相关盈利方法和产品

目前，以牡丹为原料或者元素开发的产品已有几百种。并还在持续开发中，先把部分深加工产品列举如下。

1. 牡丹种子剥壳后的籽壳粉碎后可以做成高档食用菌的培养基，生产出珍稀的牡丹菇。

2. 牡丹花瓣加工成特色糖果和糕点（附录图 1）。

3. 牡丹的花粉是非常理想的保健品。

4. 牡丹鲜花精油具有高雅、清淡、幽香的香气，是各种化妆品的优质调香原料。含有许多不饱和烯醇、萜类、黄酮类和多酚类等，其中樟脑、芳樟醇、松油醇、黄樟脑、反式 – 橙花叔醇、桉叶油醇、4– 萜烯醇占 70% 以上，发香成分主要是芳樟醇。这些组分均具有不同程度的不饱和结构，所以能够吸收一定的能量，对牡丹鲜花精油进行 200~900 纳米波长扫描得到在 200~450 有强吸收峰，能够有效地吸收紫外线，具有防辐射功效，决定了牡丹鲜花精油具有抗自由基、防衰老、防晒、防皱等功效。可以协同延长其他抗氧化剂（如维生素 C、维生素 E）在体内的时间，延缓皮肤衰老，抑制晒后色斑形成。另外，牡丹鲜花精油分子极小，能迅速渗透到血管微循环被皮肤吸收，平衡肌肤水油状态，收敛毛孔，促进皮肤细胞再生，改善肌肤暗黄。起到保养肌肤、紧实肤质的功效，保持肌肤水嫩透亮，是日化产品中良好的添加原料。

牡丹鲜花精油制取工艺为：采摘牡丹鲜花，采用 CO_2 超临界萃取方法得到牡丹鲜花浸膏，再利用分子蒸馏技术从浸膏中精制出牡丹鲜花精油。

5. 牡丹花露作为爽肤水或者空气清新剂（附录图 2）。牡丹花露是将牡丹花在开放时整朵采下，在 45~55℃蒸馏，挥发物冷凝后装瓶即可。不但香味怡人，且蕴含大量氨基酸及维生素，让肌肤倍感水润、丝滑。因为是曾经进入到植物细胞内部的活性水，能被皮肤细胞迅速吸收，真正保障皮肤细胞水分的供

给，具有清新的吸收感。

6. 牡丹鲜花液，是用牡丹鲜花瓣生产"牡丹鲜花精油"过程中产生的副产物，生产工艺是采用超临界 CO_2 萃取法，从鲜花中分离出来的自身固有的鲜花汁原液，并经过蒸馏灭菌之后的纯天然成分，香味清淡怡人。其中，含有少量精油成分，比如：芳樟醇、氧化芳樟醇、香茅醇、香叶醇以及萜烯类等，以及鲜花瓣中的全部水溶性物质，比如：多种氨基酸、常量元素和微量元素等，其低浓度特性容易被皮肤所吸收，快速补水，帮助肌肤锁住水分，营造水嫩环境，温和不刺激。产品中含有的不饱和成分能有效清除自由基，与浓度为3.7 微克 / 毫升的茶多酚清除自由基的能力相当。能有效抚平干纹、细纹等多重岁月痕迹，紧实松弛肌肤，可作为抗衰老化妆品中活性添加剂。特别是芳樟醇又是日化产品不良气味的良好掩蔽剂。

7. 含牡丹成分的日化用品。牡丹精油香皂（附录图 3 和附录图 4）；牡丹皮洁面乳（将洁面乳中加入丹皮粉末，对面部皮肤有杀菌消炎和镇静舒缓作用）；牡丹子油洗发膏等洗护品（附录图 5）；牡丹酚牙膏（附录图 6）；牡丹饮料（附录图7）；花蕊沁润保湿水（一般性的保湿水中加入牡丹花蕊，减少面部粉刺）；牡丹子油柔肤乳（一般乳膏中加入牡丹子油，可长效保湿，收缩毛孔，减少皱纹）。

8. 牡丹酒。在发酵时或者调制前加入花瓣和牡丹根的成分，可活血化瘀（附录图 8）。

9. 牡丹花粉片（将牡丹花粉压成片，形同松花粉产品），牡丹鲜花酱（形同玫瑰酱），牡丹鲜花饼（形同玫瑰鲜花饼）。

10. 牡丹籽榨完油后，饼粕饲养鸡、鸭、鹅等家禽。

11. 牡丹籽仁也可直接加工成食品和保健品。

12. 牡丹嫩芽茶。将牡丹根部发出的不定芽按照红茶的工艺做成牡丹嫩芽茶，具有良好的杀菌消炎、降低血脂和血压的作用。

13. 牡丹树或树状牡丹。选择生长势强的牡丹品种，比如："岛津""花王""皇冠""百园红霞"和"飞燕凌空"等。栽培时，将牡丹基部的枝条只留一个主干，其余枝条全部去掉，在该枝条长至 80 厘米以上时开始留分支，从而形成树状牡丹。该类树状牡丹在园林市场中极为紧俏。

目前，牡丹综合加工利用流程如附图所示。

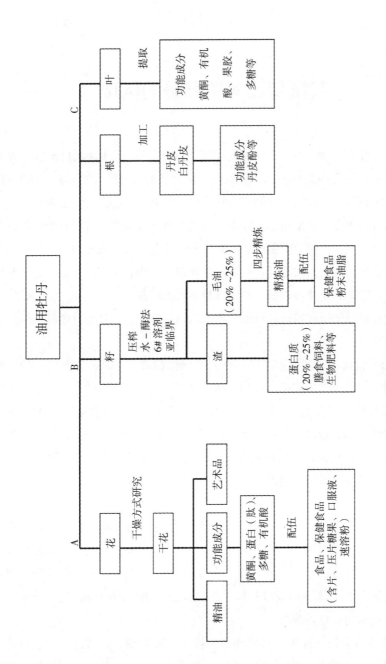

附图　油用牡丹综合深度加工工艺路线

附录二

我国现已种植牡丹的区域

我国云南省、贵州省、四川省、西藏自治区、新疆维吾尔自治区、青海省、甘肃省、宁夏回族自治区、陕西省、广西壮族自治区、湖南省、山西省、河南省、山东省、福建省、安徽省、江西省、江苏省、浙江省、上海市、河北省、内蒙古自治区、北京市、天津市、黑龙江省、辽宁省、吉林省和台湾省等地均有牡丹种植，大体分野生种、半野生种及园艺栽培种几种类型。

如今栽培面积较大的地区：山东省菏泽市、河南省洛阳市、甘肃省兰州市和临夏市、安徽省亳州市以及广西壮族自治区天彭县等。

现把作者已知道种植过牡丹的一些地区列举如下，供计划种植牡丹的读者朋友参考。

1. 山东省菏泽市。目前是全国牡丹栽培面积最大、品种最多的一处牡丹集中栽培区。主要集中在菏泽市牡丹区的牡丹乡，有以宏伟的"观花楼"为中心的赵楼行政村"曹州牡丹园"；有以"鸳鸯楼"为主的洪庙村"百花园"；有以碧绿的假山，逼真的松编造型为主景的王梨庄"古今园"。目前，观赏牡丹主要集中在在皇罄镇，总面积达 3 万亩，品种 1 000 余个。并新建了全国唯一的一个牡丹专业市场。但由于山东省菏泽市大部分都是良田，不太适合油用牡丹的大面积种植。

2. 河南省洛阳市。洛阳牡丹是古今驰名、发展很快的一个牡丹集中栽培区，主要分布在老城区土桥镇、偃师、栾川县、孟津县等，其中仅神州牡丹园便种植有观赏牡丹近万亩。著名的牡丹观赏园有王城公园、神州牡丹园、国家牡丹园、国际牡丹园、隋唐牡丹园、东花园等。洛阳市的各机关、学校、工厂、主要街道均有牡丹栽植。

3. 北京市。地区种植牡丹较普遍，技术管理精细。民国前，北京为清朝国都，像故宫御花园、颐和园国花台、白坊崇效寺，以及中山公园等处均有牡

丹栽培，真是琳宫天香，各有特色，是清末京城主要花卉，号称"牡丹冠绝京华"。新中国成立后，北京市有关部门又从山东省菏泽市、河南省洛阳市引进不少品种，广植市内机关、工厂、学校，其中以中山公园、北京植物园、故宫、景山公园、天坛公园、颐和园和北海公园等处栽植最多，最近在西山卧佛寺、中国林业科学研究院、中国科学院植物研究所、北京大学和中国人民大学都广泛种植。

4. 河北省。全境都可种植。在汉朝时、柏乡县便已有观赏牡丹种植，如今已经发展成"汉牡丹观赏园"和以河北圣丹生物科技有限公司3 000亩"油用牡丹产业园"为核心的牡丹产业集聚区。史书记载，隋炀帝建都洛阳时，易县进贡20箱牡丹，说明易县很早便有牡丹的种植，但目前除狼牙山风景区外，易县很少有牡丹的种植。

5. 四川省。彭州、金川县、峨眉山、丹景山、宜宾、成都、江油、绵阳、重庆、木里南部、折纳峡谷（3 000米）、马尔康、松岗、茂县、汶川及北部南坪王朗等市、县都有牡丹栽培。在隋朝时蜀中以天彭牡丹为最盛，而以丹景山牡丹坪、青城山牡丹台、峨眉山万年寺的牡丹为冠。成都的"杜甫草堂""人民公园"也有栽培。目前，代表品种有"泼墨香""紫重楼""玉重楼""玉版白""粉面桃花""鱼血牡丹""七蕊牡丹"（寒牡丹）、"彭州紫""刘师阁"等40余个品种。金川县有大量野生牡丹。

6. 甘肃省。甘肃牡丹分布陇西、临夏、临洮、榆中、合水、文县、和政、天水和兰州等市、县。以临夏牡丹分布较为集中，主要是紫斑牡丹，品种大约几百个。

7. 安徽省。亳州市近百年来一直是全世界药用牡丹、芍药的最大种植区。铜陵市种植面积也较大，目前面积约为3万亩左右。

8. 上海市、南京市和杭州市等地，建国前已有牡丹栽培。明朝时期，上海便已开始种植牡丹。奉贤区"明代牡丹苑"内有一株400年历史的明代牡丹，有"江南第一牡丹"的美誉，上海市绿化局为其建了一座一亩地大小的"古牡丹苑"。目前，上海辰山植物园、中山公园、人民公园、龙华寺、古漪园，漕溪公园、长风公园、醉白池公园、天山公园、明代牡丹苑、青浦区城厢镇的曲水园内都有牡丹种植；辰山植物园专门开辟的牡丹园，品种达100余个，其中不乏百年以上的古牡丹。另外，松江区新浜牡丹园规模化种植牡丹有200多亩，生长良好。南京市玄武湖、中山陵、古林公园内也都有牡丹栽培。在杭州市花港公园后面松林湾的山坡上，专开了一个牡丹园，修了牡丹亭，园内种有适合在江南一带生长的"玉楼春""魏紫""大白紫平头""粉妆楼""紫重楼"等地方品种，特点是植株高大，根系粗短，抗逆性强，适合在长江流域高温、多雨、水位高的地方生长。

9. 陕西省。西安兴庆公园、牡丹苑、阿姑泉牡丹园、临潼华清池等市内多处公园都有种植。延安市万花山、太白山保护区品种有100余个。秦岭地区至今仍有野生的牡丹，秦岭南北坡，如略阳、天水（秦城、北道）市、武山市、漳县、成县、徽县、两当、康县、武都、文县、舟曲和迭部等县的林区常可见到。

10. 山西省。牡丹以晋祠、双塔寺牡丹公园、人民公园为最美，五台山、稷山一带，也有零星种植。运城地区是仅次于安徽省亳州市的第三大药用牡丹、芍药产区。近几年山西潞安集团在山西大力发展油用牡丹种植，目前的种植规模仅次于山东省菏泽市和河南省洛阳市。有可能成为油用牡丹产业化的主要产区。

11. 宁夏回族自治区。牡丹以固源市、银川市为多。

12. 湖北省。以恩施市、武汉市、襄樊市、襄阳市、保康县、建始县，西部神农架林区的松柏市、盘龙市、古庙垭市等处的牡丹为主，其中恩施市栽培面积较大，各县均有牡丹栽植。保康县内野生牡丹较多。

13. 东北三省的哈尔滨市、牡丹江市、尚志县、沈阳市、大连市、长春市、吉林市等地，自清朝以来相继从曹州（菏泽市）、洛阳市引进牡丹品种，训化栽培。

14. 福建省。牡丹以泉州市、屏南县、霞浦县、政和县为代表。凡公园处都有零星种植。一般在海拔500米以上的山上种植，海拔太低的地方夏天太热，牡丹容易热死。而且海拔低的地方冬天低温不足，也不易形成花芽。

15. 广西壮族自治区。牡丹在灌阳、灵川、环江等地也有栽培。

16. 江苏省。牡丹在南京市、无锡市、苏州市、仪征市、常州市（武进县）、泰兴市、镇江市、盐城市一带都有牡丹种植。盐城市有个枯枝牡丹园，

堪称天下奇观，枝枯而花开得很美。

17. 浙江省。牡丹在杭州市、绍兴市、天目山等处都有种植，以杭州西湖牡丹园为佳。

18. 江西省。牡丹在萍乡、景德镇、武昌等市、县都有牡丹种植，新干县沂江乡塔下村静安寺有一株牡丹已经500多年了。

19. 贵州省。牡丹在毕节、贵阳市修文县、凯里、黎平县、绥阳县、六盘水市、盘县均有牡丹种植。但贵阳市以南海拔低的地区，因冬季低温不足，要谨慎种植。

20. 西藏自治区。牡丹在拉萨市、林芝市、波密、察隅、工布江达、隆子、藏布峡谷、米林一带种植牡丹较多。林芝地区是驰名中外的野生牡丹——大花黄牡丹的发源地。

21. 云南省。牡丹在昆明市、大理市、洱源、中甸、嵩明、文笔山、崩子栏、东川、维西、丽江 (玉龙雪山为野生牡丹滇黄牡丹的发源地)、鹤庆、德钦剑川、祥云、丽江和昭通等市、县为多。昆明市以南因温度较高，较少有种植。

22. 新疆维吾尔自治区。牡丹在奎屯市、昌吉市、乌鲁木齐人民公园、南疆广大地区都有种植。果子沟还有野生牡丹，裕民县则有大量野生的芍药。

23. 台湾省。在以阿里山、杉林溪的山上都有牡丹种植。但在台湾省海拔较低的地方种植牡丹不易开花。

24. 青海省。在固原、西宁市湟中县、青海民族大学校区内有牡丹种植。

25. 山东省、河南省、安徽省和山西省全境都可种植牡丹。

附录三

牡丹和芍药栽培管理参考月历

本月历（附表）兼顾中原、西北、江南三大牡丹品种群，各品种群分别以其栽培中心之一为准；西南品种群与江南品种群相似，可参考。

附表　牡丹和芍药栽培管理月历

月份	荷泽 （中原牡丹品种群）	临夏 （西北牡丹品种群）	无锡 （江南牡丹品种群）
1月	组织全年生产，准备工具、肥料、农药等	土壤封冻，牡丹、芍药处于休眠状态	牡丹、芍药仍处于休眠状态。做好防寒工作，以防春寒突至
2月	土壤解冻，根系慢慢复苏，可松土、锄地。此时牡丹枝条上部鳞芽膨大	土壤解冻，牡丹、芍药仍处于休眠状态	牡丹芽萌动、膨大，播种苗出土，芍药萌动；可除去萌动的嫁接苗上之覆土，并松土、除草；同时对牡丹进行抹芽、修剪、去土芽
3月	牡丹放叶现蕾，松土锄地并追肥1次；同时修剪除去过密土芽；芍药新芽露出土面，松土，追肥1次	土壤慢慢解冻，根系复苏，至下旬，牡丹萌动；芍药新芽生长，松土、锄地、施肥并浇透水	继续上述工作，并对牡丹、芍药追肥1次
4月	清明前结束牡丹修剪，至下旬牡丹进入花期，可在晴朗天气的上午人工授粉。芍药旺盛生长，即将开花	继续松土、施肥、浇水，对牡丹进行修剪，选留主枝	牡丹进入花期，对药用品种摘除全部或部分花蕾，花后施肥1次，并松土、除草、防治病虫害。至月底，芍药进入花期

（续表）

月份	荷泽 （中原牡丹品种群）	临夏 （西北牡丹品种群）	无锡 （江南牡丹品种群）
5月	牡丹花谢，除去残花，对牡丹地松土、除草并施肥；芍药进入花期，可在晴朗天气的上午人工授粉；至下旬花谢后；除去残花，对芍药地松土、除草并追肥1次；对播种苗及嫁接苗注意浇水、除草、松土保墒。注意防治病虫害。从本月至9月均可进行牡丹芽接	牡丹进入花感人肺腑，花后除去残花，松土、锄草，追肥1次，注意防治病虫害。至下旬芍药进入花期	牡丹继续上述工作。芍药花谢后追肥1次。松土、除草、防治病虫害
6月	继续以上工作。天气炎热，牡丹、芍药进入半休眠状态。牡丹第二次发芽，除去老枝及萌发枝上的赘芽及土芽；注意松土、除草	芍药盛天，花谢后除去残花，并松土、锄草、施肥1次，注意防治病虫害	雨水较多，注意及时排除积水，松土、除草、通风透光，注意防治病虫害
7月	进入高温多雨期，及时排除水，通风透光、松土、除草，同时整地做床，准备秋季牡丹、芍药生产繁殖地。当牡丹、芍药果实呈棕黄色时，采下置阴凉干燥处	松土、保墒、除草，防治病虫害；若雨水过多，注意通风透光，排除积水。牡丹芽接	继续上述工作。至下旬采收牡丹、芍药种子，采后进行播种繁殖。注意防治病虫害
8月	芍药播种及分株、移植，摘除牡丹黄叶、病叶并及时焚毁。处暑后可播种牡丹，至9月中旬完成	继续上述工作。至中旬采收牡丹、芍药果实。对牡丹进行芽接	继续上述工作。芍药开始分株、移栽
9月	芍药继续分株，至下旬开始牡丹分株。可开始加工丹皮、赤芍及白芍。对牡丹和芍药地普锄最后一遍	继续采收种子，并开始播种。下旬开始进行牡丹、芍药分株繁殖	继续上述工作。下旬播种结束，可分株移植牡丹并加工丹皮、赤芍、白芍

（续表）

月份	荷泽 （中原牡丹品种群）	临夏 （西北牡丹品种群）	无锡 （江南牡丹品种群）
10月	牡丹嫁接结束，继续分株；月底分株及丹皮、赤芍、白芍加工结束。将牡丹地中枯枝落叶拣拾干净，连同病枝、枯枝一并焚毁；将芍药地上的枯死部分除去并焚毁。将田间清扫干净	继续分株。摘除并清扫枯枝落叶，除去芍药地上的枯死部分并焚毁。牡丹、芍药地施肥1次	牡丹继续分株、嫁接。继续加工丹皮
11月	对牡丹和芍药地当年最后1次施肥，以长效复合肥为主，此时牡丹与芍药进入休眠状态。封土防寒越冬	入冬前，牡丹、施肥完毕。牡丹、芍药进入休眠状态。做好越冬防寒工作	牡丹分株结束，继续嫁接。清除牡丹、芍药地中的枯枝落叶及病叶，彻底打扫干净，加以焚毁。对牡丹、芍药地最后1次施肥

如下是对各月的补充说明：

一、花前期田间管理

花前期为2—4月。此段时间内温度逐渐回升，经过一个冬天的休眠，牡丹渐渐恢复生长状态。新枝生长，花蕾发育，萌蘖枝生长，一派生机。同时，田间杂草也渐渐生长。此期，可谓是开花前的冲刺阶段，工作一定要做细，技术要点如下：

1. 去除萌蘖枝，俗称剥"土芽"。牡丹从根部发出的芽叫"土芽"，除了老枝更新或分株繁殖需要保留一定数量的土芽外，其余的全部剥除，以免造成植株冗繁杂乱，影响通风透光，跟主干枝争水争肥。剥土芽宜早不宜迟，即当春初土芽刚出土或未出土时，扒开根际的表土，将其剥掉，以免消耗母株的养分，影响开花。

2. 追施花前肥。此期枝条的迅速延伸，叶片的迅速扩大，花蕾的迅速膨

大，都需有充足的养分供应，因此，此次追肥应以速效肥为主，配合施用磷肥，氮、磷、钾比例为 2：2：1 或 2：1：1，促使花大色艳。施肥应在 3 月上旬进行，每亩 15 千克左右，施肥要结合浇水，任何肥料中的养分只有在溶于水后，才能被植物吸收利用，以后每次施肥都要结合浇水。

3. 锄草。锄草除了有去除杂草的作用外，还有防旱保墒，提高土壤温度，促使早萌动的作用。锄地深度在 5 厘米左右，要锄细，不能留生地。

花后期田间管理：5—9 月，此期正值夏季，是牡丹生长发育的营养积累、花芽分化的关键时期，也是病虫、杂草及旱涝危害期，切实加强田间管理，才有利于牡丹健壮生长和良好发育，使牡丹翌年花多花大，色艳花香。管理措施主要是"二护二促"，即护叶、护根，促生长、促花芽分化。

4. 科学施肥。牡丹开花俗有"舍命不舍花"的说法，牡丹花大瓣多，又是顶生花，开花时消耗养分多，因此，花后施肥一定要及时，最迟不能到 5 月中旬，以保证花芽分化后有充足的养分。以农家肥或腐熟的饼肥为主，每亩施 100 千克左右，施后要及时浇水，有条件的可同时采用根外追肥，如喷 0.2%~0.5% 的磷酸二氢钾、喷施宝或其他微肥。

5. 防治病虫害。夏季高温高湿，病虫危害较为严重，主要是叶部病害和食性害虫以及根部病害。防治病虫害，要坚持预防为主、防治结合的原则，具体措施是：

（1）喷施叶面保护剂。花后约两周，叶面喷施 0.5% 的石灰等量式波尔多液，以防病菌侵害叶片。一般药效可维持两周左右，连喷 2~3 次。

（2）喷杀菌剂。7—8 月，选用甲基托布津、多菌灵、百菌清、粉锈宁等杀菌剂喷药 3~4 次，一般 7~10 天喷 1 次。

（3）杀虫。可结合喷杀菌剂，在药液中加杀虫剂如菊酯类杀虫剂、氧化乐果等，防治食性害虫。

（4）防治根部病害。近年来，主要发现根腐病和白蚁为害严重，防治办法，在牡丹根部周围土壤打洞 2~4 个，将磷化铝等药剂置于洞内杀灭病虫。

6. 中耕除草。夏季是杂草滋生的旺季。杂草不仅与牡丹争水争肥，而且草荒使田间过度郁蔽，通风透光能力下降，导致病虫为害加重，光合作用减弱，还会影响花芽分化。一般夏季需中耕 5~6 次，做到有草即除，保持田内无杂草。中耕既能除草，又能保墒散湿。排水良好的牡丹园地也可采用株行间铺干草的方法，抑制杂草生长，同时也能起到保墒降温的作用。

7. 整形修剪。牡丹"长一尺、退七寸"，花后残留在花基上部的干枯枝很长，要及时剪掉，另外伤枝、病枝以及主干上多余的侧生枝，也要及时剪掉，其目的是使植株保持均衡适量的枝条和美观匀称的株形，维持地上与地下部分的生长平衡，通风透光，集中养分促使根部生长，花芽充实，开花繁茂。对侧枝的修剪技术要求较高，要做到修剪合理，即剪掉重叠、内向、交叉枝，使株型丰满，通风透光，花芽饱满。还可利用顶端优势特性，将过高的顶芽剪去，使下部芽萌发，可调整株丛均衡。

二、越冬期间田间管理

渐入冬季，天气转冷，此期主要进行繁殖、补栽工作，另对越冬的虫卵，要进行杀灭工作，并施肥 1 次。

1. 繁殖、补栽。根据牡丹的生长特性，10—11 月可进行嫁接、分栽等繁殖牡丹的工作。技术要点见前文"繁殖"。

牡丹园若有闲地、空地需要进行补栽工作，也在 10—11 月进行。园林观赏牡丹都用大苗栽植，必须挖坑，坑深 40~50 厘米，直径 30~40 厘米，栽植时在坑底施基肥，以腐熟的饼肥为主。

2. 施肥。此期施肥，一是为提高土壤温度，确保牡丹安全过冬；二是补充养分，所以可多施，肥料要足，以充分发酵腐熟的迟效有机肥为主。每亩 100~150 千克，施肥时，尽量避免肥料与根部直接接触，以防肥料没有腐熟透，造成烧根现象，导致根部变黑或腐烂以至死亡。施肥要在 11 月中、下旬进行。在有条件的地区，封冻前可浇水 1 次。

三、杀灭越冬病菌、害虫

封冻前，深翻地 1 次，以冻死部分越冬虫卵为目的。搞好园内卫生，消除并烧毁园内的枯枝落叶及病株，消灭在病枝、病叶上越冬的病原菌。枝干上喷 1 次 3 度的石硫合剂，起铲除剂之用。

附录四

牡丹主要病虫害及防治

为确保牡丹的优良品质，对牡丹的病虫害采取以农业防治、生物防治和物理防治为主，药剂防治为辅的综合防治方法。

一、牡丹主要病害种类及其综合防治技术

牡丹主要发生的病害种类有根腐病、叶斑病、褐斑病、灰霉病、锈病、炭疽病、白绢病、紫纹羽病和根结线虫病等病害，造成为害严重的病害有根腐病和叶斑病。

（一）牡丹根腐病

[**症状**]主要为害根部，主根、支根和须根都能被害发病，尤以老根为重。主根染病初在根皮上产生不规则黑斑，以后病斑不断扩展，大部分根变黑，向木质部扩展，造成全部根腐烂，植株萎蔫直至枯死。支根和须根染病，病根变黑腐烂，也能扩展到主根。由于根部被害，病株地上部分生长衰弱，叶片变小发黄，蒸发量大时导致植株因失水萎蔫，发病重的植株枯死。

[**病原**]主要为镰刀菌属的茄病镰刀菌 [*Fusarium solani* (Mart.) Sacc]，另有其他镰刀菌（*Fusarium* sp.）还有光孢镰刀菌和串珠镰刀菌等半知菌亚门镰孢属真菌。菌丝生长、分生孢子萌发适温 25~30℃，分生孢子在 4% 丹皮汁液中萌发率高。

[**发病规律**]病菌以菌核、厚垣孢子在病残体、土壤或肥料中越冬，病菌从伤口（虫伤、机械伤、线虫伤）等侵入。一般从 2 年生丹皮植株上开始发病，第 3 年逐年扩大，发病初期一般于 3 月底牡丹展叶后显现症状，连作地丹皮田常出现大面积死苗，地下害虫为害严重的发病亦较重，育苗移栽（导致伤口多）和施用未腐熟饼肥（导致下地害虫发生重）的发病也重，重茬连作地和梅雨季节最严重。牡丹根腐病在牡丹老产区最为严重的一种病害，常导致根部

腐烂，植株枯死，一般田块减产20%~30%，严重的可达60%以上的损失。

[综合防治技术]

1.农业防治

（1）实行轮作避免重茬：重病田提倡与水稻轮作3年以上，与旱地轮作5年以上。重病地能改水田的挖后改水田，不能改水田的用草烧地或覆盖塑料膜日光高温重蒸灭菌。

（2）伏天翻晒地块：栽培地进行深翻土壤，使其暴晒熟化，达到消灭一些虫卵和病菌的目的。

（3）加强对蛴螬、小地老虎等地下害虫成虫及幼虫的防治，减少虫伤口。

（4）做到精细整地，开好较深的排水沟，以防田间积水，改善田间环境。

（5）选用抗病和无病虫危害的种苗，以及采用营养钵育苗移栽，减少根部伤口。

（6）要控制氮肥用量。做到不单纯施氮肥，多施用三元复合肥、有机肥、农家肥、饼肥等，以增强植株抵抗力。有机肥、饼肥、磷、钾肥拌和发酵后，在冬季穴施。施用腐熟饼肥或酵素菌沤制的堆肥。

（7）发现病株及时拔除，予以烧毁，及时清除四周带菌土壤，病穴用石灰消毒，并用1∶100硫酸亚铁溶液浇灌周围的植株，以防蔓延感染。

2.生物防治

（1）用5 406抗生菌菌种粉1千克／亩，拌细饼粉10~20千克施在栽植穴中，有一定防治效果。

（2）引进上海华东理工大学研制新型微生物制剂康地蕾得细粒剂500~600倍灌根防治根腐病。

3.药剂防治

（1）土壤消毒处理，提前挖穴暴晒，穴中施用50%辛硫磷乳油1 000倍药液浇灌（防治地下害虫）。

（2）移栽前进行苗木处理，移栽苗在挖起后放入50%甲基托布津600~800倍液中浸泡2~3分钟，晾干后移栽。

（3）移栽时用36%甲基硫菌灵或25%多菌灵胶悬剂700倍液，1%硫酸铜溶液适当加入微肥和肥土调成糊状，蘸根后栽苗。

（4）发病初期用50%多菌灵800倍液或用50%甲基托布津1 000倍液浇

灌病株。

（二）牡丹叶斑病

[症状] 叶斑病又称红斑病，主要为害叶片、茎及花萼、花冠等。叶上病斑近圆形，初期呈紫褐色，逐渐扩大后出现淡褐色轮纹，周围颜色较深呈暗褐色，常在背面生墨绿色绒霉层；叶柄上的病斑呈紫褐色，并有黑绿色绒毛；茎部的病斑长条形，稍隆起和凹陷，花梗和花瓣上的病斑为粉红色小斑点，严重地边缘枯焦。

[病原] 牡丹枝孢菌（*Cladosporium paeonice* Pass.）为真菌中的一种半知菌。

[发病规律] 叶斑病病菌主要以菌丝体和分生孢子在病残体及病果壳上越冬，并能在上年分株后遗留在种植圃旁的牡丹肉质根上腐生。春季产生分孢子，借风雨传播。直接侵入或自伤口侵入寄主。4月开始发病，多雨潮湿的梅雨季节发生蔓延迅速。种植密度过大，环境潮湿，光照不足，植株长势衰弱时发病严重，病重时导致整株叶片萎缩枯凋。

[综合防治技术]

1. 农业防治

（1）牡丹与禾本科作物轮作。

（2）增施磷钾肥，提高植株抗性。

（3）及时排除积水，秋末冬初及时清除枯枝落叶，并集中烧毁病株残体。

2. 药剂防治

（1）种苗用65%代森锌300倍液浸泡20分钟后，用清水淋后沥干再栽。

（2）春季植株萌动前喷洒160~200倍波尔多液，每10~15天喷1次，或用500倍代森锰锌加展着剂喷洒。

（3）发病初期用75%百菌清可湿性粉剂600倍液或杜邦福星8 000倍液喷雾防治。

（三）牡丹褐斑病

[症状] 褐斑病是牡丹常见的一种叶部病害，主要为害叶片，也可以在叶和茎部发生。初发病时叶上出现淡黄色失水状的小斑点，以后扩大成近圆形褐色或黑褐色的斑点，斑点扩大后，逐渐形成中央淡褐色、边缘紫褐色的病斑。

病斑上生有黑色霉层，严重时全株叶片黑褐焦枯，植株死亡。

［病原］芽枝霉属（*Cladosporium paeoniae* Pass.）属真菌中一种半知菌亚门，丝孢纲，丛梗孢目，黑色菌科。

［发生规律］病原菌以菌丝体或分生孢子在病叶或病茎上越冬，春天菌丝产生分生孢子为最初感染源。病害在田间一般从6月开始发生，7—8月为发病高峰期，9月病害停止发展，高温多雨潮湿的天气里，病害迅速扩大传染，发生蔓延。7—8月雨量多，空气湿度大，病害发生严重；管理不当，植株生长势弱，抗病力下降，为害更重；不同的品种对褐斑病抗性有差异，感病品种受害较重。

［综合防治技术］

1. 农业防治

（1）清洁田园，烧毁病残枝叶。

（2）加强田间管理，及时清沟排渍，降低田间湿度；合理种植，植株间要保持良好的通风透光条件。

（3）培育抗病品种。

2. 药剂防治

发病初期开始喷药防治，用1∶1∶100波尔多液或杜邦福星8 000倍液喷雾，每隔7~10天用药1次，直到9月为止。

（四）牡丹灰霉病

［症状］感病后的幼苗基部出现褐色水渍斑，严重时幼苗枯萎并倒伏；叶片被感染后，叶面上尤其是叶缘和叶尖出现褐色、紫褐色水渍斑；叶柄和茎部发病，病斑多呈梭状或略凹陷的暗褐色病斑，后期茎秆呈软腐状折倒；花被染病后，多呈褐色软腐状并产生一层灰色霉状物。主要特点是天气潮湿时病病可见灰色霉状物。

［病原］牡丹葡萄孢（*Botrytis paoniae* Qudem.）为真菌中一种半知菌。

［发生规律］以菌丝体、菌核和分子孢子在土壤中的病残体上越冬，第2年菌核萌发，产生分生孢子，靠风雨传播。丹皮发病后病部再产生大量分生孢子进行再侵染，一般4月发生，5—6月潮湿气候和持续低温发病重，受冻伤或生长衰弱，阴雨连绵或多雾高湿的天气，发病均重。

[综合防治技术]

1. 农业防治

（1）发现病叶、病株立即摘除或拔除，清扫田间病残体及落叶，集中烧毁，减少越冬菌源。

（2）实行轮作，可与水稻轮作，或与禾本科作物轮作。

（3）增施有机肥料，使植株生长健壮，增强抗病力。

2. 药剂防治

（1）发病前用 1∶1∶100 倍波尔多液预防。

（2）发病初期用 50% 腐霉剂，每亩 40~50 克，兑适量水喷雾防治。

（3）发病期可选用 50% 速克灵可湿性粉剂 1 500 倍液，或 65% 甲霉灵可湿性粉剂 1 000 倍液，或用杜邦易保 1 200 倍液，10 天左右喷 1 次，共喷 2~3 次。

（五）牡丹锈病

[症状] 主要为害叶片，发病期叶背面有黄褐色颗粒状的夏孢子堆，表皮破裂的散出黄褐色孢子，用手摸如铁锈色。末期叶面呈圆形或类圆形等不规则的灰褐色病斑，在叶背面长出深褐色的刺毛状冬孢子堆。

[病原] 松芍柱锈病 [*Cronartium flaccidum* (Ab. et Schw.) *Winter*] 属担子菌亚门，锈菌目。

[侵染循环] 锈病的病菌为转主寄主，主要为害马尾松枝条和主干的皮部，在牡丹等转主寄主上为害叶片的。以菌丝在松属植物上越冬，春天气温高时，郁闭的松树茎干肿大溃疡处产生性孢子和锈孢子（松孢锈病），锈孢子靠气流传播到牡丹上，侵染后形成病斑产生夏孢子（6—7月）。夏孢子可以引起再侵染。后期在寄主上形成冬孢子堆（9—10月）。冬孢子萌发产生担子和担孢子，担孢子又侵染松树。牡丹锈病多发生在 4—5 月，天气时晴时雨，地势注，6—8 月发病严重。周围有松属植物，及气温高，湿度大时发病重。

[综合防治技术]

1. 农业防治

（1）清除牡丹园附近的中间寄主，或冬季用 1% 的氯粉钠加 5 度的石硫合剂喷射中间寄主，以切断其病害的循环。

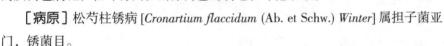

（2）选择地势高燥，排水良好的地块栽植，低洼地要打高畦。

（3）及时清除并集中烧毁病株病叶，清洁田园。

2. 药剂防治

发病初期，喷洒波美 0.3~0.4 度石硫合剂或 97% 敌锈纳 400 倍液或 20% 粉锈灵 1 000 倍液防治，10 天喷 1 次，轮换使用，连喷 2~3 次。

（六）牡丹炭疽病

[症状] 叶、叶柄和茎均可发生，发病初期出现圆形紫褐色斑点，茎部的病斑有时呈椭圆形，以后中央变为淡褐色或灰褐色，并有黑色小点。叶部受害严重时大半片叶子枯黑。4 月下旬开始发病。

[病原] 盘长孢菌（*Gloeosporium* sp.）。

[防治方法] 同叶斑病综防技术。

（七）牡丹白绢病

[症状] 主要为害茎基颈部。感病植株基部发生黑褐色湿腐，随后菌丝从根颈处穿出土面，菌丝密布于根，在植株基部产生一层白色绢丝状物。在潮湿情况下，菌丝体上产生圆形油菜籽大小的菌核，初为白色，后逐渐变为橘黄色或红褐色。受害植株逐渐凋萎，叶片变黄，病株枯死。

[病原] 病原物为 [*Corticium rotfsil*（Saccardo）Curzl.] 和整齐小核菌（*Sclerotium rolfsii* Suss.）是一种真菌。

[综合防治技术]

1. 农业防治

（1）采取轮作，前茬不种根类药材，红薯、花生蚕豆以及茄科类等作物，宜与水稻或禾谷类作物实行 3 年以上的轮作期。

（2）发现病株及时拔除烧毁，病穴用生石灰消毒处理。

（3）整地时，每亩施入 1.5 千克 30% 的菲醌，翻入土壤中进行消毒。

2. 生物防治

用木霉菌防治，木霉菌是一种真菌，在土壤中释放挥发性气体，能使白绢病的病原菌的菌丝溶解，失去侵染力；同时还能寄生在白绢病菌上，使其菌丝和菌核死亡，失去再次侵染的能力。

3. 药剂防治

（1）栽种时用 50% 退菌特 1 000 倍液浸种。

（2）发病前初期喷洒 50% 多菌灵可湿性粉剂 500 倍液，或 50% 甲基托布津可湿性粉剂 500 倍液。

（3）发病期，可将根颈处染病部位用刀刮净后，用 1% 硫酸铜液消毒伤口，并用 50% 代森铵 400 倍液浇灌根部周围土壤。

（八）紫纹羽病

[症状] 为害根颈和根部，发病时出现紫色或白色的絮状菌丝，受害部位初期出现黄褐色病斑，以后变成黑色，最后腐烂。受害植株枝条细弱，叶片变小，自上而下枯黄，以至枯干死亡。

[病原] 桑卷担菌（*Helicobasidium mompa* Tanaka）。

[综合防治技术]

1. 农业防治

（1）选择高燥排水好的土地栽植，并实行轮作；不施未经充分腐熟的有机肥。

（2）栽植前用 0.1% 硫酸铜溶液浸泡根部 3 个小时，或用饱和石灰水浸泡30 分钟，然后用清水冲洗干净，晾干后再栽。

（3）及时拔除并集中烧毁病株，同时在病株周围撒生石灰或硫磺对土壤进行消毒。

2. 药剂防治

发病初期用 50% 代森铵 1 000 倍液浇淋病株的根部，浇淋时先将周围的土挖起，每株浇药液 500~1 000 毫升，浇后立即覆土。

（九）根结线虫病

[症状] 主要为害牡丹根部，其病原物主要是线虫属形动物，受害植株的须根上出现形似绿豆大小不等的瘤状物，有的串生呈念珠状，黄白色，质地坚硬，切开后在显微镜下可见白色有光泽的线虫虫体。受害后引起叶片变黄，生长衰弱，植株矮小，严重时造成枝叶枯死。

[发生规律] 牡丹根结线虫病主要通过病土、受害植株及流水传播。在根瘤内、土壤内或野生寄主内以卵和幼虫形态过冬，第二年春以二龄幼虫侵入新

根为害。在 5—6 月和 9—10 月形成根瘤最多，多分布于 3~20 厘米土层内，特别是在 5~9 厘米土壤中线虫最多。

[防治方法]

1. 农业防治

（1）严格苗木检疫，防止扩散蔓延。

（2）实行轮作，最好水旱轮作，可防治地下线虫。

（3）选用无根结线虫土壤育苗移栽，挑选健壮无病苗，可减轻发病。

（4）清除田间杂草，发现中心病株后应及时拔除，连周围土壤带出，晒干后集中烧毁。

（5）施用充分腐熟不带病原的有机肥。栽植前深翻土壤，将表土翻至 25 厘米以下的深层，可减轻其为害，尤其采用冬季深翻冻垡措施杀灭幼虫。

2. 药剂防治

（1）土壤处理，用 3% 米乐尔颗粒剂，每亩用药量 3~5 千克，均匀撒施后耕翻入土。

（2）栽植前用 0.1% 克线灵浸根 30 分钟。

（3）定植后药剂灌根，生长期发病可选用 50% 辛硫磷乳油 1 200 倍液灌根，每株灌药液 200~400 毫升，隔 10 天施药 1 次，连续施药 2~3 次。

二、牡丹主要虫害种类及其防治方法

为害牡丹的主要害虫种类有介壳虫、红蜘蛛、金龟子、地老虎、天牛等，造成为害严重的害虫以金龟子最为首。

（一）介壳虫

[发生规律] 吹棉介壳虫（*Ieerya purchasi* Maskell）最为常见，成虫椭圆形，雌性橘红色，背有白色蜡质物，无翅；雄性有黑色前翅。若虫初孵化时红色，二龄后有薄蜡粉，以雌虫越冬。卵长椭圆形，产卵时常群集叶背或嫩梢上为害。吸食叶片和嫩枝汁液，削弱牡丹生长，诱发其他病害，年繁殖 2~3 代，寄主广泛。

[防治方法]

（1）幼虫孵化期喷施90％杜邦万灵粉3 000倍液；若虫期喷施40％乐果乳剂800倍液或2.5％功夫乳油3 000倍液；越冬期喷施松碱合剂或波美3~5度石硫合剂，或速扑灭1 000倍液喷淋枝干。

（2）保护和利用天敌，如大红瓢虫、澳洲瓢虫、红环瓢虫等。

（二）红蜘蛛

[发生规律]虫体细小，圆形，桔黄色或红色，4对足，繁殖迅速。以刺吸式口器吸食叶片液汁，受害叶片出现灰白色斑点或斑块，卷缩直至枯黄脱落。以雌性成虫或卵在枝干或土缝中越冬。

[防治方法]

1. 生物防治

（1）用生物制剂1.8％阿维菌素乳油3 000倍液或1.8％虫螨克乳油3 000倍液喷雾防治。

（2）保护和利用天敌：如瓢虫、草蛉等。

2. 化学防治

喷洒齐螨素800~1 000倍液，或用10％吡虫啉可湿性粉剂1 500倍液喷雾防治，以5月下旬至6月上旬防治效果最好。

（三）金龟子

[发生规律]铜绿丽金龟（*Anomala corpulenta* Motochuleky）最为常见地下害虫的幼虫蛴螬，又名"白蚕"。经过在顺安镇凤凰村和牡丹村调查，牡丹植株受害在30％以上，幼虫为害以4—8月最严重，将牡丹根皮咬食成凹凸不平的缺刻或孔洞，严重者将主根或侧根咬断。成虫为害叶片和嫩梢。铜绿丽金龟在本地1年发生1代，以幼虫和成虫在土中越冬，成虫有趋光性和假死现象。成虫始见期为5月中下旬，发生盛期为6月中下旬。6月下旬至7月上旬为成虫产卵盛期，7月下旬为卵孵化期。幼虫危害有两个高峰期，分别4—5月间和8—9月间。10月下旬至11月上旬后大多老熟幼虫，在牡丹根丛中土层深处越冬。于次年5月中下旬至6月中上旬化蛹，7月上旬羽化为成虫，产卵繁殖。

[活动特点]一是成虫产卵和幼虫咬食活动对土温反应敏感，土温25℃

左右，含水量8%~15%，适宜于卵孵化；表土10厘米，温度23℃，含水量15%~20%适宜幼虫活动。二是不同牡丹树龄幼虫密度不一样，经调查育苗地高于成龄树地，1~2年树龄地高于3~4年的树龄地，最高每平方米田块10~15头。三是不同类型土壤幼虫密度也不一样，黏土地高于砂土地。

〔防治方法〕

1.农业防治

（1）冬季清除杂草，深翻土地时，拾取幼虫作鸡鸭饲料，消灭越冬虫口。

（2）施用腐熟的厩肥、堆肥、饼肥等农家肥，并覆土盖肥，减少成虫产卵。

2.生物防治

用白僵菌粉，每亩3~5千克，混合适量的饼肥和细土，随种苗埋入土中，杀虫效果良好。

3.物理防治

（1）成虫金龟子趋光性强，在牡丹园每3公顷内安装一盏频振式灭虫灯诱杀金龟子，高峰期每灯每夜诱集成虫量达500多头。

（2）利用成虫的假死性，白天以人工捕杀成虫，栽植前整地时或在起苗时及中耕翻土地时，将幼虫收集起来，集中杀灭。

（3）在牡丹地的周围适当栽植一些蓖麻，蓖麻可毒死金龟子，而金龟子对蓖麻又没有忌避性。蓖麻要适当早播，即当金龟子成虫初发期至盛发期时，蓖麻应能长出3~4片叶子最为适宜。这样不仅能预防金龟子在牡丹地里产卵，还可驱赶和毒杀金龟子的成虫。

（4）利用金龟子喜榆树叶的特性，在牡丹地的四周适当栽植一些榆树，诱集金龟子进行人工扑杀。

4.药剂防治

（1）种植时用90%敌百虫500倍液拌和炒香的麸皮做成毒饵诱杀蛴螬。

（2）整地时用50%辛硫磷乳油1 000倍液或50%马拉硫磷乳油1 000倍液进行土壤消毒处理，或种植后灌根杀灭幼虫。

（四）小地老虎

〔发生规律〕春秋两季为害最重，幼虫咬断靠近地面的嫩茎和根茎，造成

缺棵缺苗，白天潜伏在土中，傍晚及夜间出来为害。幼虫分 1~6 龄期，以 4 龄后食量大，为害也较大，幼虫在 6 月上旬至 7 月中旬为害最严重，小地老虎每年发生数代，以卵、蛹或老熟幼虫在土中越冬。

［防治方法］

1. 生物防治

（1）利用苦参、百部、苦楝皮等几种植物的提取液制作成植物源农药，可有效驱逐地老虎为害。

（2）配制好的糖、醋、酒液混合物，制成诱液加入少量敌百虫农药，放于容器内，放置牡丹地略高于植株，诱杀成虫。

（3）用柔嫩多汁杂草或鲜菜叶浸入 400 倍液敌百虫液中 10 分钟，在移栽前或牡丹苗期，于傍晚撒在牡丹苗圃地诱杀幼虫。

（4）加强田园管理，清除杂草，减少成虫潜伏和产卵场所。

2. 药剂防治

用 90% 的敌百虫晶体 800 倍液或 50% 辛硫磷乳油 1 000 倍液，于傍晚对重发地块进行喷淋防治。

（五）天牛

［发生规律］幼虫孵化后钻入木质部，蛀食枝干，使枝干枯死或折断。成虫啃食叶脉和嫩枝表皮。以幼虫在被害枝干的隧道内越冬。

［防治方法］

（1）捕杀成虫。

（2）检查茎干，发现有虫粪和木屑排出的虫孔，用 80% 敌敌畏或 40% 乐果 100 倍液注入虫孔，再用湿泥封闭虫孔；或用细铁丝插入虫孔勾杀幼虫。

附录五

牡丹文化——中国的"国花经济"产业

自古以来，牡丹以其雍容华贵、富丽堂皇的气质而博得世人的喜爱，被尊称为"国花"。是中华民族繁荣昌盛、富裕文明的象征，是各族人民心中的"花王"。历史上牡丹更是以圣旨的形式曾两度被颁定为"国花"。

生活中，以牡丹花为题材的各种陶器、刺绣、字画、工艺品、甚至生活用品随处可见；以牡丹花为主题的诗词、歌曲、歌剧更是数不胜数。可见牡丹已经远远超出了一般花卉的范畴。形成了其独有的地位和特有的"牡丹文化"。

近几年，油用牡丹的兴起和系列牡丹产品的开发更是拓展和推动了牡丹产品和牡丹文化的进一步发展。

不同于大多数花卉，牡丹具有观赏、油用、药用、食用等多种用途，是原产我国的独特物种，其价值远高于荷兰的国花"郁金香"，能创造出比郁金香更高的综合效益，可打造出一种新的经济形式和业态，即：我国独有的"国花经济——牡丹文化产业"。

主要体现在如下几个方面：

一、牡丹文化观赏园

在我国适合牡丹生长的城市，建立牡丹园。花开时，由南向北、陆续开展"牡丹文化嘉年华"赏花旅游活动。

同时，以花为媒，借赏花之机，各地举办文化、科技产品展览及经贸合作洽谈为一体的综合性经济文化活动。成为发展当地经济、文化的平台和展示城市形象的窗口；也成为当地企业展示实力、树立形象、宣传扬名的舞台。

该活动还可拉动地方宾馆、餐饮及产品的销售，活跃地方经济。河南省洛阳市每年 4 月牡丹开花期间游客收入达 2 000 多万元，综合收入超过 100 亿元；山东省菏泽市牡丹开花期间游客收入达 700 多万元，综合收入超过 30

亿元。

在国外，也建立若干"中×××（俄）友谊牡丹文化观赏园"，赋予牡丹增进各国人民"和美相处、百花争艳"的符号和意义。同时，在园内举办中国文化、产品、科技和贸易交流会。以民间的方式促进中国与世界各国的友好交往。并由此进一步推进国内外建有牡丹园的城市结为"友好城市"。

最终，推动"世界牡丹大会"的成立和运营。

二、牡丹油及其衍生产品

牡丹的种子可以榨油，每亩地可出油约 40 千克、出饼粕约 150 千克。在荒山荒坡、退耕还林地块及林下种植油用牡丹，采其种子榨油。油可直接食用，也可作为食品、药品、化妆品、日化用品、保健品等的添加剂使用。

我国有宜林的荒山荒坡 6 亿~7 亿亩，如果种上 5 亿亩，就可解决和替代我国食用油和饲料的进口数量。即得到了绿水青山，又得到了金山银山。

三、牡丹和芍药根做药材

牡丹的根是知名的药材"丹皮"，芍药的根也是知名的药材"白芍/赤芍"。被广泛应用于中药、兽药已有 3 000 多年的历史，在化妆品、食品及饮料行业也被广泛应用。我国每年牡丹根用量约 7 000 吨，芍药根用量约 20 000 吨。

四、牡丹芍药花

牡丹和芍药花产量较高，可直接作为花茶，也可干燥后磨成粉，作为食品、饮品的添加成分。具有营养和保健作用。

五、牡丹文创产品

以牡丹为元素服装饰物、绘画、瓷器、日常生活用品、邮票、银行卡、剪纸、徽章、纪念币、酒器等带动了众多企业的发展；以牡丹为主题的诗词、书画、歌曲、戏剧、主题婚礼等丰富了人民的文化生活。

希望"国花经济"为我国经济增光添彩！

主要参考文献
REFERENCES

李嘉珏.2011.中国牡丹［M］.北京：中国大百科全书出版社.

李兆玉.2013.铜陵牡丹生产与加工［M］.合肥：安徽科学技术出版社.

王莲英.1999.中国牡丹与芍药［M］.北京：金盾出版社.

后 记
POSTSCRIPT

油用牡丹种植环节不属于高效农业，收入并不高，只能说是特色产业。每亩地租上百元的地方，尽量不要种植，否则很难获得较好的长期收益。其特色之处在于在绿化荒山、荒坡、退耕还林的同时，获取一定的种子收益是科学和理性的，也是可持续性的。观赏牡丹、盆栽牡丹和芍药切花等的生产则属于高效农业，每亩可达近万元的收益。

——洛阳神州牡丹园　付正林

油用牡丹的深加工和新产品研发、生产及销售属于高效益环节，万万不可把整个产业链条的效益归缩至种植环节，从而误导广大种植者。

——菏泽花乡芍药园　周长玉

油用牡丹的种植效益主要从压低土地租赁成本和人工管理成本中获得。

——江油天顺农业开发有限公司　王　顺

牡丹、芍药的各个盈利项目，比如盆栽牡丹、芍药切花、观赏种苗、催花种苗、药用牡丹、油用牡丹生产等，一定要做到专业化的生产方式，否则即使是专一生产，但是做不到专业化生产，还是很难产生效益。

——泰安国色天香牡丹园　杨海升

牡丹耐旱，是指牡丹种植成活并生出足够多的新的毛细根后耐旱。在此之前并不耐旱，并可能会因干旱而死亡。成活后虽能耐旱，但与水肥灌施合理的苗子相比，其生长量和产量较小。

——十堰中盈生态农业发展有限公司　叶建纲

很多人宣传牡丹耐贫瘠，但不要误解油用牡丹的耐贫瘠。油用牡丹在贫瘠的土壤中可以存活，并不代表在贫瘠的土地中可以高产。

——湖北武汉泉天生物有限公司　刘泉钟

不要误解油用牡丹的耐寒。在 –30℃以下，大部分牡丹的枝条会被冻死，特别是当年新生的枝条，但是根不会冻死，第二年春天会从根上重新发出新枝。重新发出的枝条往往当年没有产量，第二年才会有产量，但是如果当年发出的枝条在冬天再被冻死的话，就会出现每年春天重新发出枝条，每年冬天枝条被冻死的情况，这样始终形成不了稳定的产量。所以，当要求油用牡丹具有一定经济产量时，过于苛刻的环境条件是绝对无法达到要求的。

——江苏邳州花中王精品牡丹园　黄　威

不同于药用牡丹的生长范围极其宽泛，油用牡丹的生长范围相对要小，因为药用牡丹要的是根，只要能够存活就行，开不开花没有关系；而油用牡丹要的是种子，牡丹不但要存活，而且必须能够年年开花结籽才行。

——大理云锦尚品农业种植有限公司　杨春分

大面积种植油用牡丹一定要解决好除草方式，做到："锄早、锄小、锄了"。否则企业会被草"压倒"。

—— 成都市锐佳芍药种植专业合作社　李　明

油用牡丹刚采摘下来的鲜果荚的产量确实能高达 800 千克左右，但是去掉果荚并晒干后的净种籽的产量一般在 150 千克左右，希望读者能正确理解。从长期看，种子的价格成下降趋势，故在选地及种植等各个环节提前把成本控制

和消化好。

——苏凤菊

　　要高度认识到牡丹育苗和种植的强季节性，错过了季节仍然任性的强种，会得不偿失。

——李升泉

　　上述各位专家对牡丹的警言和敬畏之心，不是打消各位读者种植牡丹的热情，而是让我们深刻认识到牡丹的脾性，更好地发展好牡丹。我始终坚信油用牡丹和牡丹籽油是座金山，是可行、可为的事情。特别是油用芍药因其适应性更广、田间管理简单、产量高并可机械化采摘，会有更大的发展前景。

——范保星

彩图 1-1　百园红霞

彩图 1-2　十八号

彩图 1-3　丛中笑

彩图 1-4　日月锦

彩图 1-5　彩绘

彩图 1-6　蓝鹤

彩图 1-7　蓝宝石

彩图 1-8　雨后风光

彩图 1-9　玉面桃花

彩图 1-10　雪映桃花

彩图 1-11　贵妃插翠

彩图 1-12　香玉

彩图 1-13　洛阳红

彩图 1-14　大宗紫

彩图 1-15　白色紫斑牡丹

彩图 1-16　紫红色紫斑牡丹

彩图 1-17　高台种植

彩图 1-18　遮阳

彩图 1-19　遮阳网

彩图 1-20　土球种植

彩图 1-21　土球种植

彩图 1-22　冬季防寒

彩图 1-23　冬季防寒

彩图2-1　芍药切花大田

彩图2-2　等待销售的芍药切花

彩图2-3　等待销售的芍药切花

彩图 2-4 等待销售的芍药切花

彩图 2-5 含苞待放的芍药

彩图 2-6 保鲜库内整理切花

彩图 2-7　塑料桶盛放切花芍药　　　　　彩图 3-1　盆栽牡丹展览

彩图 3-2　盆栽牡丹展览

彩图 3-3　盆栽牡丹展览

彩图 3-4　黑色塑料盆

彩图 3-5　黑色控根容器

彩图 3-6　盆子外面的装饰

彩图 3-7　盆子外面的装饰

彩图 3-8　起苗前用绳子将枝条捆扎

彩图 3-9　起苗子的铁叉

彩图 3-10 等待根系变软

彩图 3-11 根茎处低于花盆上沿 3~5 厘米

彩图 3-12 根茎处低于花盆上沿 3~5 厘米

彩图 3-13 篓栽牡丹

彩图 3-14 生根较好的牡丹

彩图 3-15 花芽萌动期

彩图 3-16　花芽萌动期

彩图 3-17　成长期

彩图 3-18　成长期

彩图 3-19　含苞待放期

彩图 3-20　含苞待放期

彩图 3-21　盆栽待售的牡丹

彩图 3-22　盆栽待售的牡丹

彩图 3-23　盆栽待售的牡丹

彩图 3-24　盆栽牡丹室外展

彩图 3-25　盆栽牡丹室内展

彩图 4-1　挖出的整株芍药

彩图 4-2　分株出的大苗

彩图 4-3　分株出的小苗

彩图 4-4　种植后埋上小土包

彩图 4-5　北方开沟种植

彩图 4-6　南方种植在垄上

彩图 4-7　中部地区种植时挖排水沟

彩图 4-8　平茬后的牡丹

彩图 4-9　平茬后发出更多的枝条

彩图 4-10　在药液中浸泡接穗接穗

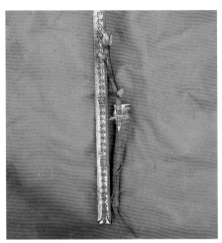

彩图 4-11　贴接

彩图 4-12　贴接

彩图 4-13　将砧木从中间劈开

彩图 4-14　嫁接场景

彩图 4-15　将接穗插入砧木

彩图 4-16　劈接

彩图 4-17　塑料带缠紧

彩图 4-18　嫁接后的苗子假植到细沙中

彩图 4-19　嫁接后苗子假植到土壤中

彩图 4-20　挑选愈合好的苗子

彩图 4-21　开种植沟

彩图 4-22　封土

彩图 5-1　凤丹白

彩图 5-2　凤丹粉

彩图 5-3　凤丹紫

彩图 5-4　凤丹玉

彩图 5-5　凤白荷

彩图 5-6　凤粉荷

彩图 5-7　凤丹星

彩图 5-8　凤丹韵

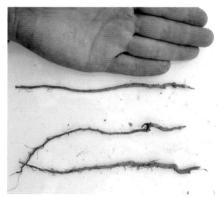

彩图 5-9　一年小苗

彩图 5-10　药池内浸泡

彩图 5-11　地头挖坑浸泡

彩图 5-12　荒山荒坡种植牡丹

彩图 5-13　林下种植的牡丹

彩图 5-14　在沙石地种植的当年牡丹

彩图 5-15　在沙石地当年种植的牡丹

彩图 5-16　雨水多的地方起垄种植

彩图 5-17　深翻耙地

彩图 5-18 宽窄行种植

彩图 5-20　用木棒将土捣实

彩图 5-19　平茬后萌发更多的枝条

彩图 5-21　浇完水后覆盖些土

彩图 5-22　机械开种植沟

彩图 5-23　人工放苗和种植

彩图 5-25　单轮微耕机

彩图 5-26　单轮微耕机

彩图 5-24　全机械化种植

彩图 5-27　防草布

彩图 5-28 防草地膜

彩图 5-29 放羊吃草

彩图 5-30 放鹅吃草

彩图 5-31 套种的芝麻

彩图 5-32 套种的向日葵

彩图 5-33　套种的大豆

彩图 5-34　套种的玉米

彩图 5-36　核桃树下种植的牡丹

彩图 5-35　套种的谷子

彩图 5-37　杨树下种植的牡丹

彩图 5-38　国槐树下种植的芍药

彩图 5-39　挂了泥浆的苗子

彩图 6-1　成熟待摘得牡丹

彩图 6-2　室内等待后熟的种子

彩图 6-3　遮阳下让种子慢慢阴干

彩图 6-4　果荚置编织袋内阴干

彩图 6-5　微型脱粒机

彩图 6-6　播种前种子浸泡

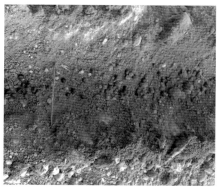

彩图 6-7　播种深度

彩图 6-8　盖地膜

彩图 6-9　条播

彩图 6-10　机械播种

彩图 6-11　盆育苗

彩图 7-1　芍药根切片

彩图 7-2　牡丹根切片

彩图 7-3　筒状成品牡丹原丹皮

彩图 7-4　去掉外皮的芍药根

彩图 8-1　成品牡丹籽油

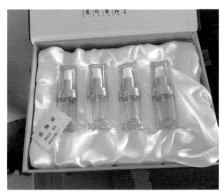

彩图 8-2　牡丹籽油直接用作护肤品

彩图 9-1　袋装的牡丹花茶（1）

彩图 9-2　袋装的牡丹花茶（2）

彩图 9-3　采摘下的花蕊

彩图 9-4　冲泡后的牡丹花蕊茶

彩图 9-5　包装好的牡丹

彩图 9-6　清洗后的牡丹全花

彩图 9-7　冲泡后的全花茶

彩图 9-8　牡丹全花成品

彩图 9-9　冲泡待饮的牡丹茶

彩图 10-1　牡丹干花

彩图 10-2　置于玻璃罩内的牡丹干花

彩图 10-3　置于亚克力塑料盒木框内的
牡丹干花

附录图 1　糕点类食品

附录图 2　牡丹花露

附录图 3　牡丹精油香皂

附录图 4　糖果类食品

附录图 5　牡丹籽油洗发膏

附录图 6　牡丹酚牙膏

附录图7　牡丹饮料

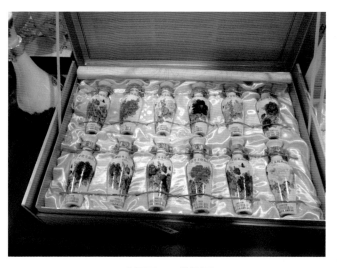

附录图8　牡丹酒